全国新闻出版系统职业技术学校统编教材

印刷机械基础

全国新闻出版系统职业技术学校统编教材审定委员会组织编写

主　编　王　芳
参　编　曹　慧　王　辉
　　　　蔡　晶　贺关华
主　审　严　格

文化发展出版社
Cultural Development Press

内容提要

本书是全国新闻出版系统职业技术学校统编教材中的一本。

本书在编写过程中力求按照职业教育的特点，并充分考虑到中专学生的实际情况，以“必需、够用”为原则，编写过程中较少涉及到深奥的理论性阐述，主要为学生介绍一些必需的印刷机械方面的基础知识，为后续的课程打基础。同时书中部分章节后面加入了部分理论，以“扩展知识”的形式出现。是一本难度适中、内容新颖的适合中等职业技术学校师生教学使用的印刷机械专业教材，也适合印刷、包装行业企业操作人员、技术人员使用。

图书在版编目（CIP）数据

印刷机械基础／王芳主编.—北京：文化发展出版社，2008.1（2024.8重印）
全国新闻出版系统职业技术学校统编教材
ISBN 978-7-80000-704-0

Ⅰ.印… Ⅱ.王… Ⅲ.印刷机-专业学校-教材 Ⅳ.TS803

中国版本图书馆CIP数据核字（2007）第176615号

印刷机械基础

主　　编：王　芳
参　　编：曹　慧　王　辉　蔡　晶　贺关华
主　　审：严　格

出 版 人：宋　娜
责任编辑：李　毅　　　　责任校对：岳智勇
责任印制：邓辉明　　　　责任设计：韦思卓
出版发行：文化发展出版社（北京市翠微路2号　邮编：100036）
发行电话：010-88275993　010-88275710
网　　址：www.wenhuafazhan.com
经　　销：全国新华书店
印　　刷：天津嘉恒印务有限公司

开　　本：787mm×1092mm　1/16
字　　数：231千字
印　　张：9.75
版　　次：2008年1月第1版
印　　次：2024年8月第1版第11次印刷

定　　价：39.00元
ISBN：978-7-80000-704-0

全国新闻出版系统职业技术学校统编教材审定委员会

委 员 名 单

全国新闻出版系统职业技术学校统编教材

拼晒版与打样实训教程 …………………………… 陈世军　主编
印刷实训指导手册 ………………………………… 周玉松　主编
印前工艺 …………………………………………… 郝景江　主编
印后加工 …………………………………………… 徐建军　主编
柔性版印刷工艺 …………………………………… 严　格　主编
印刷机械基础 ……………………………………… 王　芳　主编
印刷机械电气控制 ………………………………… 王　乔　主编
印刷概论 …………………………………………… 李　予　主编
印刷材料 …………………………………………… 唐裕标　主编
平版印刷工艺 ……………………………………… 谭旭红　主编
印刷品质量检测与控制 …………………………… 陈世军　主编
印刷机结构与调节 ………………………………… 袁顺发　主编
电脑排版工艺（上、下册） ……………………… 刘春青　主编
包装概论 …………………………………………… 岳　蕾　主编
包装印刷工艺 ……………………………………… 段　纯　主编
印刷色彩 …………………………………………… 白研华　主编
印刷工价计算 ……………………………………… 王国庆　主编
印刷企业管理 ……………………………………… 郝景江　主编
数字印刷 …………………………………………… 严　格　主编
书籍装帧实用教程 ………………………………… 庄前矛　主编
印刷市场营销 ……………………………………… 徐建军　主编
现代校对实务与技能 ……………………………… 谈大勇　主编
出版物营销实务 …………………………………… 翟　星　主编
印后书刊装订工艺 ………………………………… 沈国荣　主编

序

新闻出版总署发布的印刷业“十一五”发展指导实施意见提出，争取在2010年把我国建设成为全球主要的印刷基地之一，“十一五”末期我国印刷业总产值达到4400亿元。迅猛发展的产业形势对印刷人才的培养和教育工作提出了更高的要求。新闻出版系统中等职业技术学校作为专业人才培养的重要组成部分必须因循产业发展的需求做出相应的变革和创新。其中，教材作为必不可少的教学工具也必须紧跟产业形势，体现产业技术和管理发展的最新成果。

总署一直十分重视和支持系统内中等职业技术学校教材建设工作，于1995年专门成立了印刷类专业教材编审委员会，组织有关学校的教师和行业专家规划、编写了电脑排版、平版制版和平版印刷三个专业的9本专业课统编教材。这批教材突出技工学校印刷类专业教育、教学的特点，陆续出版之后一举扭转了相关专业教材陈旧落后的局面，对近十几年技能型印刷专业人才的培养做出了很大贡献。但近年来，随着印刷专业技术的飞速发展和职业教育改革的不断深化，无论在体系、内容还是形式上都显露出一些问题，有的还比较突出，亟需根据新的形势进行必要的调整和革新。

2006年，汇集了国内相关院校教学骨干的全国新闻出版系统职业技术学校教材审定委员会经新闻出版总署批准成立。委员会的首要任务就是根据新的产业形势，做好系统内院校印刷及相关专业统编教材的更新换代工作。委员会成立后，先后三次召开专题工作会议，明确了新版教材的编写指导思想，并制定了首批7本统编教材编写的进度及出版安排。根据委员会的规划，新版统编教材将突出以下显著特点。

1. 面向职业需求，突出实践导向。面向实践，针对企业需求制定有针对性的课程内容，争取使培养出来的学生能较快融入到生产实践中。

2. 关注持续成长，注意延伸学习。在突出实践导向的同时，注意各知识点的延伸性，培养学生的持续学习能力，举一反三，以适应企业的不同需要。

3. 强调任务驱动，理论适度够用。引入职业教育流行的任务驱动理念，明确每一教学单元的培养目标和知识点、技能点，知识教学和技能训练交叉进行。

4. 重视双证融通，接轨技能标准。注重教材内容与职业技能鉴定标准的衔接，以体现职业教育双证融通的特点。

5. 丰富教材体系，适应教改要求。突破纯技术教学倾向，在技术性课程之外，增加营业、计价和营销等业务员相关知识，扩展学生就业面。

经过委员会的辛勤工作，首批7本陆续出版。从整体上看，这7本教材紧密结合中职院校的教学需求，较好贯彻了委员会的教材编写指导思想，在选题和编写模式上都有了很大突破。比如《拼晒版与打样实训教程》是第一本印前方面的实训指导书；《印刷实训指导手册》对整个印刷流程的实训给出了详尽而实用的指导意见；《柔性版印刷工艺》是中职层次第一本关于柔性版印刷的教材。其他几本教材也都各有特点，具有鲜明的实践性、前瞻性特征，能更好地满足有关院校的教学需要。

首批7本教材的出版标志着新版统编教材的编写工作迈出了实质性的第一步。希望审定委员会和有关院校在总结已有经验的基础上继续做好后续教材的编写工作。同时，由于教材编写是一项复杂的系统工程，难度很大，也希望有关院校的师生及行业专家不吝赐教，将发现的问题及时反馈给我们，以利于我们改进工作，真正编出一套能代表当今产业发展需求，体现职业教学特点的高水平教材。

新闻出版总署人事教育司

孙文科

2007年11月

前　　言

本书编写特点：

①本书在编写过程中力求按照职业教育的特点，并充分考虑到中专学生的实际情况，以“必需、够用”为原则，编写过程中较少涉及到深奥的理论性阐述，主要为学生介绍一些必需的机械方面的基础知识，为他们学习后续的课程打基础。考虑到一些学有余力的学生的需要，我们在有些章节后面加入了部分理论，以“扩展知识”的形式出现。

②在一些操作性较强的章节中，例如在第四及第五章中，关于测量工具的使用及机器的拆装部分，我们以大量的照片介绍学生必需的实际操作步骤，既直观又便于学生掌握。

③每章（节）以印刷设备中的某些重要的装置为任务引入，对其中的机构（传动装置）、零部件的工作原理做介绍，针对性较强。

④在形式的安排上，每章都设计有“本章学习目标”、“本章应学会的术语”，并在每章（节）后设计有“习题”，帮助学生巩固所学知识。

⑤在每章（节）后安排有“实践部分”，通过实际操作使学生更好地掌握所学的理论知识。

本书由王芳主编，参加编写的人员有：本书第一章、第五章第一节由曹慧编写，第二章由王辉编写，第三章由蔡晶编写，第四章由王芳编写，第五章第二节由贺关华编写。全书由王芳统稿，严格主审。

由于编写水平和能力有限，书中难免会出现不妥之处，恳请广大读者和专家批评指正。

编　者

2007 年 10 月

目　　录

绪 论

一、印刷业及印刷设备的发展现状

印刷出版行业是我国十大经济支柱产业之一，是一种服务于社会和提高行业产品（如图1所示）整体形象的标志性产业。印刷工业不仅在国民经济中具有重要作用，而且又是人类文明、社会进步的重要因素。近几年来世界印刷出版行业得到了飞速发展，而推动这种快速发展最重要的一个因素就是近几年来印刷机械制造水平、技术、数量的健康持续发展。

图1 印刷品

印刷机械是一种专业性较强的机械，它是印刷机、印刷加工设备、制版机等机械设备和其他辅助设备的统称。而印刷机是其中最复杂的一种机器设备。印刷机（如图1–2所示）是指使用印版或其他方式将客户要求我们复制的原稿用油墨的形式忠实地转移到纸张或其他承印物上面的一种机器。印刷机一般由传动装置、输纸装置、润湿装置、输墨装置、印刷装置和收纸装置等几大部分组成。传动装置是为印刷机各个单元提供动力和传递动力的机构；输纸装置的作用是连续、稳定、准确地提供印刷所需的纸张或其他承印物；润湿装置是向印刷机上的印版提供均匀且薄的一层水膜；输墨装置的作用是根据原稿的实际需要，连续、精确地向印版涂布一层墨膜；印刷装置是通过滚筒间的作用力，把印版上的图文信息经过滚筒间的相互转移，最终转印到相关承印物上面；收纸装置是把印刷完毕的纸张整齐地堆放在印刷机输纸台上，以便于印品的后序加工。

十几年内，印刷机的技术水平在工业发达国家有了长足的进步。满足各行业不同用途、不同规格的印刷机相继投放市场，从而扩大了印刷机的应用范围；印刷机的印刷速度有了明显提高，基本上实现了高速多色化；墨色控制装置、自动套准装置、张力和自动接纸装置以及印品质量的测控系统等分别在单张纸印刷机和卷筒纸印刷机中得到了广泛应用，不仅增加了设备的功能，而且使印刷机成为机电一体化的典型产品，这是实现印品质量稳定性的可靠保证；为了最大限度地缩短辅助时间，提高效率，降低成本，以满足多品种、小批量印刷市场的需要，已开始推广联机直接制版胶印机和数字印刷机，从而使印刷机的发展进入一个新的阶段，即数字时代。

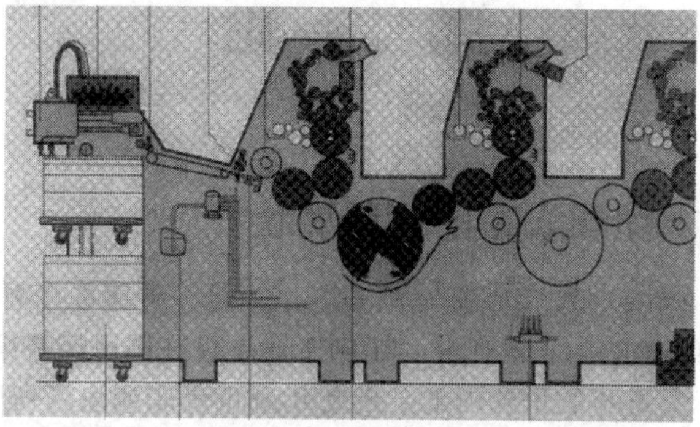

图2 印刷机结构

我国印刷机制造业近几年得到了很大的发展，目前，国产单张纸胶印机和报纸印刷机等在国内印刷行业中发挥了重要作用；中档次的凹版印刷机、丝网印刷机和柔性版印刷机等也开始得到开发和推广使用；印刷机的生产能力已有了显著提高。但我国印刷机行业与国外先进技术相比较还存在很大的差距，如德国高宝公司已经研发出 Rapida142 和 205 超大型单张纸胶印刷机以及无侧规技术，而国内印刷机制造水平还处在品种单一、工作性能不高、技术中等偏下的水平，远远不能满足国内市场的需求。

二、本课程的性质和内容

本课程作为印刷技术及相关专业的学生的一门专业基础课，主要讲述机械传动装置、常用机构及一些通用机械零部件的基本结构原理及其在印刷设备上的应用。通过这门课的学习，旨在使学生获得有关印刷设备的基础知识和技能，以利于将来更好地适应新设备，更好地发挥新设备的功能，更有甚者，愿对他们今后在印刷设备的更新改造中起到一定的启发作用。

作为一名有志于从事印刷行业的青年，有义务为我国的印刷机制造业的腾飞贡献自己的力量，我们必须从现在开始就掌握一些印刷机械方面的基础知识和技能，正确把握印刷机械的发展方向和设计理念，为更好地服务我国的印刷机械制造业打下坚实的基础。

习 题

1. 什么是印刷机，由哪几部分组成？
2. 请查阅相关资料，指出我国印刷机制造水平比国外先进技术落后的方面？你觉得应该怎样缩短这种差距？

第一章

印刷机传动装置

本章学习目标：

1. 了解印刷机电动机的工作原理、类型。

2. 了解带传动的类型及特点，掌握带传动的工作原理及其使用、维护。

3. 了解齿轮传动的类型及特点、齿轮的材料，掌握齿轮传动的工作原理及运动特性、齿轮的失效形式及其使用、维护与保养。

4. 了解链传动的类型及工作特点、掌握链传动的工作原理、链传动的失效形式、使用及维护。

5. 了解蜗杆传动的特点，掌握蜗杆传动的工作原理及其维护。

6. 了解轮系的作用及具体应用，掌握轮系传动比的计算。

本章应学会的术语：

电磁调速异步电动机　V带　张紧装置　直齿轮　斜齿轮　圆锥齿轮　齿条　模数　压力角　螺旋角　分度圆　点蚀　胶合　套筒滚子链　蜗轮蜗杆　自锁轮系　定轴轮系　周转轮系　惰轮　传动比。

机械传动装置的主要功用是将一根轴的回转运动和动力传递给另一根轴，并且可以改变转速的大小和运动的方向。在印刷机传动装置中，印刷机主电机首先通过带传动把动力传给印刷机收纸滚筒，再通过收纸滚筒上的齿轮与其他部件上的齿轮相互啮合最终把主动轴上的一种转速变换为从动轴上的多种转速或获得较大的传动比。

第一节　印刷机电动机

【任务】分析和辨别国内和国外两款印刷机的主电机，找出他们的异同点并说出主电机对印刷机的印刷性能有什么影响。

【分析】要想正确地辨别和分析印刷机的电动机，必须了解印刷机传动的基本要求，熟悉电动机的类型及工作特点。

一、印刷机电动机类型

电动机（如图 1–1 所示）是把电能转化成机械能的机器，印刷工业中使用的电动机较多，为印刷机各系统的机械运动提供动力。印刷设备中常用的电动机主要分为两类：一类是驱动电机，一类是控制电机。驱动电机是印刷设备的主要动力源，使用到的电动机主要有交流整流子式电动机、电磁调速异步电动机等。控制电机也叫特种电动机，这类电机不是作为动力来使用的，它的主要任务是转换和传递控制信号。

（一）驱动电机

1. 交流整流子式电动机

三相交流整流子式电动机又称三相换向器变速异步电动机，在恒定转矩和规定的调速范围内能作均匀的连续无级调速。它与直流变速电动机、绕线式异步电动机相比较，不但调速范围较广，而且具有起动性能良好、负载效率和功率因数较高，速度调节精密和安装地位经济等优点，因此在印刷机械中越来越得到广泛的应用。

图 1-1　高宝利必达 105 型印刷机主电机

2. 电磁调速异步电动机

电磁调速异步电动机又称滑差电动机，具有调速范围广，速度调节均匀而平滑，能进行交流无级调速，机械特性硬度高，起动平滑，起动力矩大，控制系统简单，控制功率小及结构简单、成本低、制造方便等许多优点，因此应用十分广泛。目前在印刷、印染等行业，越来越多地用它来实现恒转交流无级调速。如烘版机采用这种电机调速后，就能有效地控制胶膜的厚度，操作十分方便。骑马订书联动机采用这种电机调速，因能够根据书刊的要求相应地调节转速而提高书刊装订质量。如果印刷机采用这种电机就更能符合印刷工艺的要求了。

（二）控制电机

印刷机上常用的控制电机有步进电动机、伺服电动机、测速发电机等。

1. 步进电动机

一般电动机是连续旋转的，而步进电动机却是一步一步转动的，故叫步进电机。每输入一个脉冲信号，该电机就转过一个固定的角度，因此，步进电动机是一种把脉冲变为角位移的执行元件。随着数字控制系统的发展，步进电动机在印刷机械上的应用将逐渐扩大，例如海德堡胶印机上的 CPC1 控制装置中，就用四组各 38 个步进电动机代替原来的墨斗调节螺丝。

2. 伺服电动机

伺服电动机又叫执行电动机。在自动控制系统中，伺服电动机是作为执行元件的，它的作用就是把讯号（如控制电压或相位）变换成机械位移，也就是把接收到的电讯号变为电机的一定转速或机轴的角位移。其容量一般在 1～100W，常用的是 30W 以下。伺服电机有直流和交流之分，目前在印刷机中用得较多的是直流伺服电动机。直流伺服电动机与交流伺服电动机相比，具有机械特性和调节特性线性度好，调速范围广，不存在自转现象，起动转矩大等优点。因此在印刷机械中应用较多。

3. 测速发电机

在自动控制系统中测速发电机作为检测元件，可将电动机轴上的机械转速转换为电压信号输出。输出电压的大小反映机械转速的高低，输出电压的极性反映电动机的旋转方向。测速发电机按电流种类可分为交流和直流两种形式。

二、电动机铭牌的认识

每一台电动机都有一块铭牌，注明其规格、性能和使用条件，它对于电动机的正确使用、检查和修理等都是必不可少的，如不按这些规定的数据使用，则容易造成事故而损坏电机。

（一）三相异步电动机的铭牌

表 1–1 为小型三相异步电动机的铭牌，其中字母含义见表 1–2。

表 1–1　三相异步电动机的铭牌

型号　J03 – 90S4	转速　1430 转/分钟	标准编号
功率　1.5 千瓦	频率　50 赫	绝缘等级　E 级
电压　380 伏	接法　Y	温升　75℃
电流　3.68 安	定额　连续	重量　24 千克
出厂编号 ××××	出厂日期 ××年×月	
×××电机厂		

绝缘等级：绝缘材料可分为五级，即 A、E、B、F、H。

产品型号含义说明示例如下：

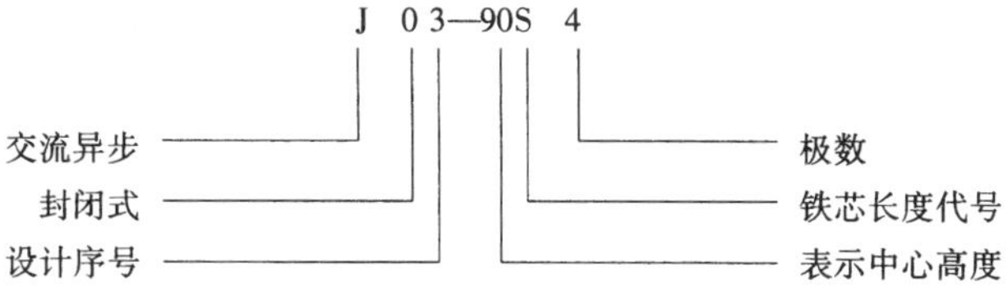

表 1–2　汉字代表含义

汉语名称	字母代号	汉语名称	字母代号
交流异步	J	双鼠笼	S
铝线	L	防爆	B
多速	D	高速	S
绕线式	R	起重、冶金	Z
高起动力矩	Q	高转差率	H

（二）直流电动机的铭牌

表 1–3 为直流电机的铭牌，型号中汉字拼音代号的含义见表 1–4。

表 1-3 直流电动机的铭牌

型号	Z2－72	励磁	并激
功率	22 千瓦	励磁电压	220 伏
电压	220 伏	励磁电流	2.06 安
电流	116 安	定额	连续
转速	1500 转/分钟	温升	80℃
产品编号	××××	出产日期	××年×月
×××电动机			

表 1-4 汉语拼音代号的含义

汉语拼音	代号含义	汉语拼音	代号含义
Z	直流	O	封闭
F	发电机	C	船用
D	电动机	K	高速
W	卧式	Q	牵引
L	立式	Y	冶金

产品型号含义说明示例如下：

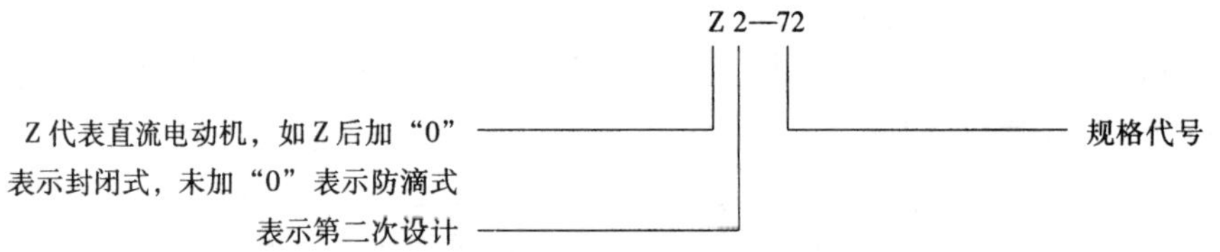

三、印刷电动机的维护

1. 电机的存放与运行前的工作

电动机应存放在干燥通风的室内，不要长期置于烈日下或雨淋，防止电机受潮和受化学药品的腐蚀。在电机投入运行前，应用兆欧表遥测绝缘电阻，若电机受潮，应作烘干处理。检查电机接线盒内的接线方式是否与铭牌相符，电压是否相符。另外，还要进行电机的外观检查，如外观有无损伤，转子转动是否灵活、电刷接触是否良好。在以上检查全部正常后可进行空载试运行，经空载运行而无异常时，将以上检查测量的数据及运行情况记入电机登记卡，以备查阅。

2. 电机运行中的巡回检查

运行中的电机必须定时进行巡回检查，检查时要坚持看、听、闻、拭的基本方法。看，就是查看电源电压与电机运行电流是否正常，电动机有无振动，电刷是否打火；听，就是听电动机的轴承、风扇等运转声音是否正常；闻，就是闻有无因温度过高而使绝缘体烧毁的气味；拭，就是拭摸电机外壳、磁熔断器等温度是否正常，电动冷却通风是否受阻。通过上述检查，可以及早发现故障，将事故消灭在萌芽状态。

3. 定期维护与责任制

根据电机的运转时间，制定各电机的维护保养期限。维护保养的内容包括：除尘、紧固螺钉、加油、检查电刷、检查引线、遥测绕阻的绝缘电阻值以及查看电机的辅助设备。

实践部分　认识印刷机主电动机

一、实验目的

1. 了解印刷机电动机的构造；

2. 了解印刷机电动机的运动特性和运动要求。

二、实验的具体要求

1. 指导教师分别把学生带到国产（如 J2108A）和国外（如 SM102）印刷机旁，让学生分别对两款印刷机作点动（正反）和连续运转动作，在操作过程中学生应做到以下几点。

（1）观察和记录两款印刷机正、反点动时机器的运行情况（包括机器的声音、反应时间等）；

（2）观察和记录两款印刷机连续运转时机器的运行情况（包括机器运转的平稳性、最高和最低速度等）。

2. 拆装上述两款印刷机上所配置的电动机，分析和讨论电动机的内部结构。

3. 记录两款印刷机上电动机的铭牌，分析和讨论铭牌上相关参数对印刷机运动特性的影响。

三、注意事项

1. 在机器周围操作时，要注意自身和设备安全；

2. 拆装电动机时，零部件要摆设规范，按电动机的结构图纸进行拆装。

习　题

1. 印刷机械中使用的电动机有几种类型，各有什么工作特点？

2. 目前印刷机械中广泛使用滑差电动机的原因是什么？它有何特点？

第二节　带传动

【任务】印刷机第一级传动是采用带传动的，现在印刷机制造商为了提高印刷机的传动性能，降低能耗，设计了许多新型的传送带，请联系本节知识点，从多款带传动当中选择一种系列带传动来满足印刷机动力的传递且须满足：(1)有过载保护功能；(2)传动效率高；(3) 安装容易这三点要求。

【分析】带传动的选择与带传动的工作原理及带传动的类型和特点有关。

一、概述

（一）带传动的工作原理

如图 1–2 所示为印刷机主电机的带传动，由图可见，带传动由主动轮、从动轮和张紧在两个带轮上的封闭环形带所组成。由具有弹性和柔性的带绕在带轮上所产生的摩擦力来传递运动和动力，所以带传动属于摩擦传动。带传动主要用在功率传递中，传递平稳，噪声小。

图 1–2 印刷机主电机带传动

（二）带传动的特点

与其他传动相比，带传动是一种比较经济的传动形式，带的弹性和柔性使带传动具有以下优点：

（1）运行平稳、噪声小；

（2）能缓冲冲击载荷；

（3）构造简单、对制造精度低，特别是在中心距大的地方；

（4）不用润滑，维护成本低；

（5）过载时打滑，在一般情况下，可以保护传动系统中的其他零件。

缺点：

（1）带存在弹性滑动，使传动效率降低，传动比不像啮合传动那样准确；

（2）带的寿命较短；

（3）传递同样大的圆周力时，轴上的压轴力和轮廓尺寸比啮合传动大。

（三）带传动的类型

1. 按传动原理分

（1）摩擦带传动。靠传动带与带轮间的摩擦力实现传动，有 V 带传动、平带传动等。

（2）啮合带传动。靠带内侧凸轮与带轮外缘上的齿槽相啮合实现传动，有同步带、齿孔带传动等，如图 1–3 所示。

图 1–3 啮合带传动

2. 按用途分

（1）传动带。传递动力用。

（2）输送带。输送物品用。

3. 按传送带的截面形状分

（1）平带。如图 1–4 所示，平带的截面形状为矩形，常用的平带有胶带、编织带和强力锦轮带等。

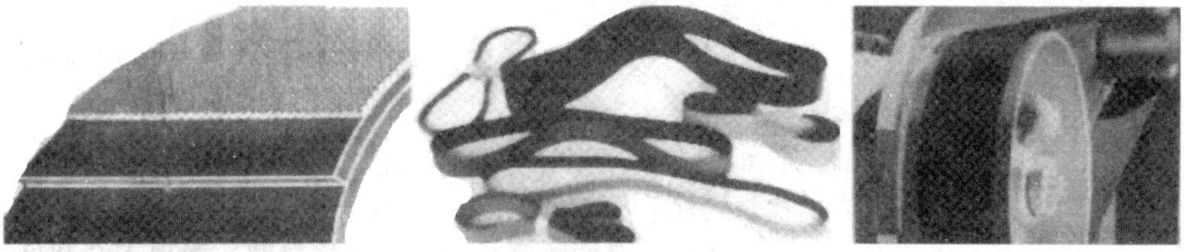

图 1–4　平带

平带传动结构较简单，价格较便宜，且柔性好。早期的带传动常用在传递较大功率的场合，较笨重，现在几乎逐渐被结构紧凑的 V 带传动取代。平带因具有较小的离心力和较好的柔性，常用在高速场合。

（2）V 带。如图 1–5 所示，V 带的截面形状为梯形，两侧面为工作表面。常用的 V 带有普通 V 带、宽 V 带、窄 V 带等。其中普通 V 带应用最广，窄 V 带在近几年来应用也越来越广。

图 1–5　V 带

在一般机械中，应用最广的是 V 带传动。由于 V 带的楔形增压原理，结构紧凑，且多已标准化并大批量生产，因而 V 带的应用比平带广泛。

（3）多楔带。如图 1–6 所示，它是在平带基体上由多根 V 带组成的传动带，兼有平带和 V 带的特点，即柔性好、摩擦力大、传动功率大，解决了多根 V 带并用时因带的长短不一而使各带受力不均的问题，多用在传递功率大且结构要求紧凑的场合。最大带速可达 40m/s。

（4）圆形带。如图 1–7 所示，带的横截面为圆形，只用于小功率传递。

（5）同步带。如图 1–8 所示，同步带的工作面上是带齿的环状体，其齿形一般为梯形。同步带传动具有精确的传动比，但对制造、安装的精度要求高，成本也较高。

图 1–6　多楔带

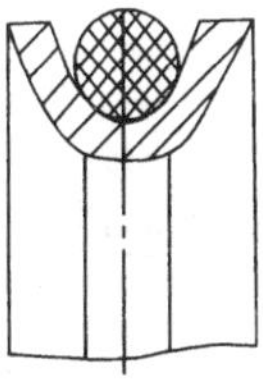

图 1–7　圆带

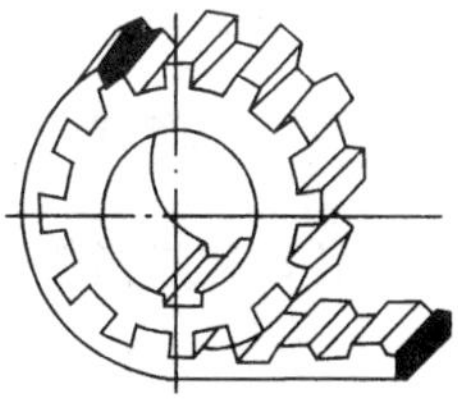

图 1–8　同步带

二、普通V带传动

1. V带类型、结构及尺寸标准

普通V带有Y、Z、A、B、C、D、E七种型号，其截面尺寸依次增加，截面大时，同样条件下带的传递功率大。

普通V带制成无接头环形。如图1-9所示，普通V带的截面呈等腰梯形，由顶胶、抗拉体、底胶和包布等部分构成。按抗拉体的结构可分为帘布芯V带和绳芯V带两种类型。前者制造方便，后者柔韧性好、抗弯强度高，适用于转速较高、载荷不大和带轮直径较小的场合。

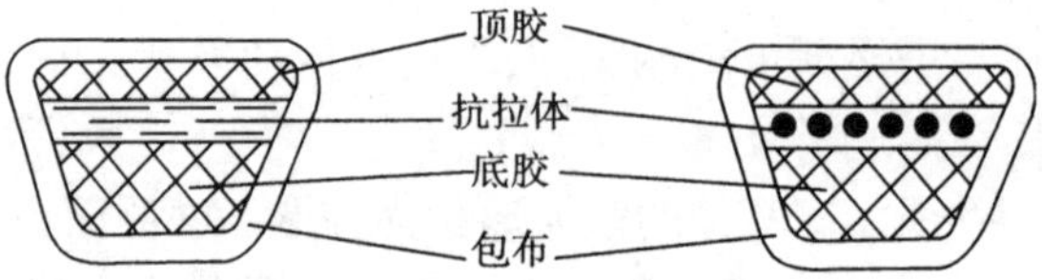

图1-9 V带的构造

2. V带带轮

铸造带轮的典型结构有以下几种形式：实心式[图1-10(a)]，腹板式[图1-10(b)]，孔板式[图1-10(c)]，轮辐式[图1-10(d)]。

(a) (b) (c) (d)

图1-10 V带带轮

带轮基准直径 $d_d \leqslant (2.5 \sim 3)\ d$（$d$ 为带轮轴的直径）时，可采用实心式；$d_d \leqslant 300$mm 时，可采用腹板式，且 $d_d - d_1 \geqslant 100$mm 时，可采用孔板式；$d_d > 300$mm 时，可采用轮辐式。V带轮的结构形式及尺寸可参阅有关设计手册。

带轮常用的材料为灰铸铁HT150（$v \leqslant 30$m/s）或HT200（$v > 30$m/s）。转速较高时可用铸钢或钢板冲压焊接结构；小功率时可用铸铝或塑料。

三、带传动的传动比

传动比是指传动装置中主动件的速度与从动件的速度之比，即

$$i_{12} = \frac{n_1}{n_2}$$

式中，i_{12}为传动比；n_1 为主动件的速度；n_2 为从动件的速度。

带传动的传动比与带轮直径间的关系为：

$$i_{12}=\frac{n_1}{n_2}=\frac{d_2}{d_1}$$

【例 1-1】如图 1-4 所示的印刷机带传动，假设电动机的速度为 $n_1=2000\text{r/min}$，主动轮的直径为 $d_1=60\text{mm}$，从动轮的直径为 $d_2=240\text{mm}$，则从动轮的转速是多少？

解：根据上面传动比的公式可得

$$i_{12}=\frac{n_1}{n_2}=\frac{d_2}{d_1}$$

$$=240/60=4$$

故从动轮的转速为 $n_2=n_1/i_{12}=2000/4=500\text{r/min}$。

四、带传动的张紧、安装与维护

（一）带传动的张紧

带传动工作一段时间后就会由于塑性变形而松弛，传动能力下降。为了保证带传动的正常工作，应定期检查，以保持带在张紧状态下工作。常见的张紧装置有三类。

1. **定期张紧装置**

采用定期改变中心距的方法使带重新张紧。在水平或倾斜不大的传动中，可用图 1-1(a)的方法，将装有带轮的电动机安装在制有滑道的基板上。调节时，松开基板上螺栓的螺母，旋转调节螺钉，将电动机向左推移到所需的位置，然后拧紧螺母。在垂直的或接近垂直的传动中，可用图 1-11(b)的方法，将装有带轮的电动机安装在可调的摆架上。

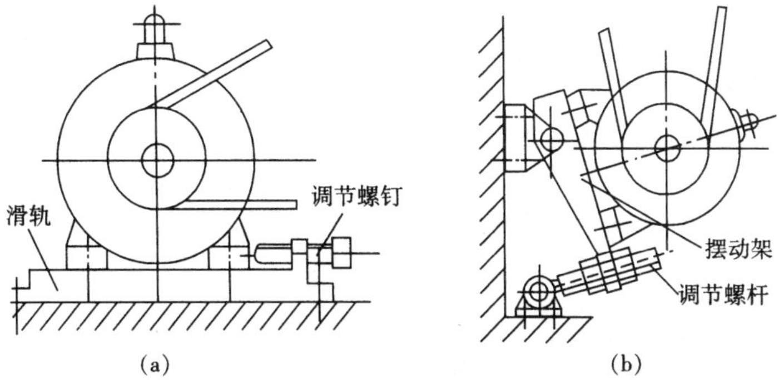

图 1-11　定期张紧装置

2. **自动张紧装置**

将装有带轮的电动机安装在浮动的摆架上，如图 1-12 所示，利用电动机的自重，使带轮随同电动机绕固定轴摆动，以自动保持张紧力。

3. **采用张紧轮的装置**

当中心距不能调节时，可采用张紧轮将带张紧，如图 1-13 所示。张紧轮一般应放在松边的内侧，且靠近大带轮处。若设置在外侧时，则应使其靠近小带轮处，这样可以增加小带轮的包角，提高带的疲劳强度。张紧轮的轮槽尺寸与带轮的相同，且直径小于带轮的直径。

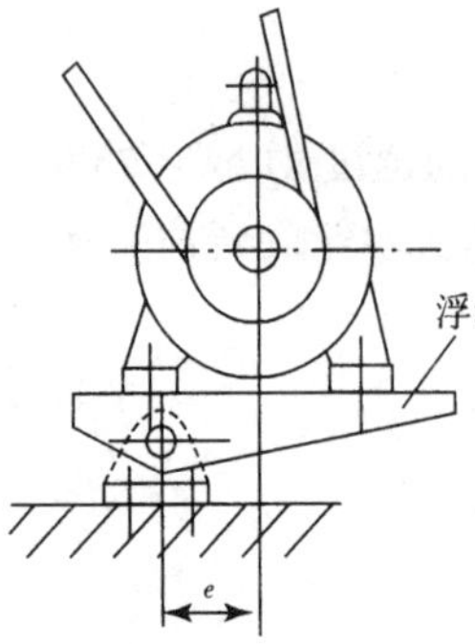

图 1–12　自动张紧装置

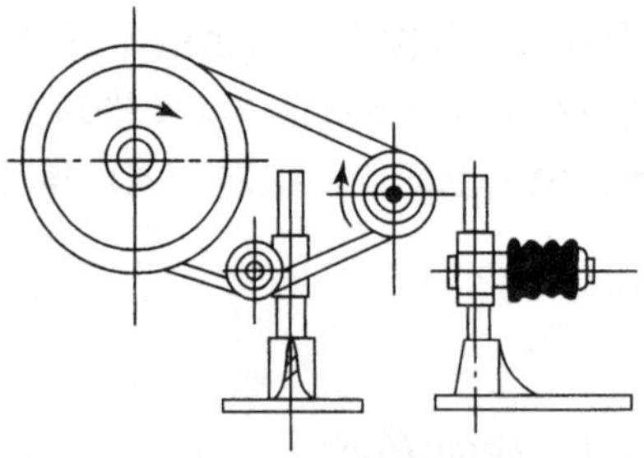

图 1–13　张紧轮装置

五、带传动的安装与维护

1. **带传动的安装**

（1）带轮的安装。两带轮的轴线必须保持平行，V 带轮的轮槽对称面应重合并垂直于轴线，否则，V 带会过早磨损，缩短寿命。

（2）V 带的安装。先移动其中一个带轮，适当缩小两带轮中心距，使带能顺利地套在带轮上，然后将移动部分复位并张紧传动 V 带。切忌将 V 带从带轮上强制拆下来或装上去，更不允许用撬棍将 V 带撬入或撬出带轮。

2. **同组 V 带的使用**

同组使用的 V 带应型号相同，长度相等。不同厂家生产的 V 带或新旧 V 带不能同组使用。

3. **V 带传动的维护**

（1）带传动装置外面应加防护罩，以确保安全，防止酸、碱、油与带接触而腐蚀传动带。

（2）带传动不需要润滑，禁止往带上加润滑油或润滑脂，应及时清理带轮槽内及传动带上的油污。

（3）应定期检查胶带，如有一根松弛或损坏则应全部更新新带。

（4）带传动的工作温度不应超过 60°。

（5）如果带传动装置需闲置一段时间后再用，应将传动带放松。

扩展知识

带传动的弹性滑动和打滑

1. **紧边、松边**

安装带传动时，为保证带传动正常工作，传动带必须以一定的张紧力套在带轮上。当传动带传动时，带和带轮接触面间便产生摩擦力，这时带两边的拉力不再相等，绕入主动轮的一边被拉紧，称为紧边；绕入从动轮的一边被放松，称为松边。

2. **带的弹性滑动和打滑**

带是弹性体，当带受拉时将产生弹性伸长。拉力愈大，伸长量越大；拉力较小，伸长量也小。如图 1–14 所示，带在 a_1 点绕上主动轮 1 时，带速与轮 1 的圆周速度 v_1 相等。当带随着轮 1 由 a_1 点转到 b_1 点过程中，带的拉力将逐渐减小，它的弹性伸长量亦将逐渐减少，即带要逐渐回缩，带沿轮 1 的表面产生向后爬行的现象，这种现象称为带的弹性滑动。同理，带绕过从动轮 2 的过程中，带的拉力将逐渐增大，带在从动轮的表面将产生向前爬行的现象，弹性滑动是带传动中无法避免的一种正常的物理现象。

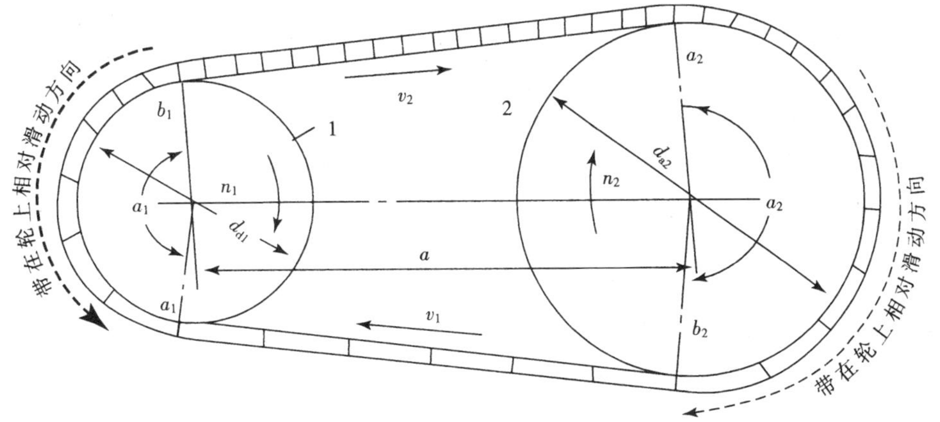

图 1–14　带的弹性滑动

在带传动中，依靠带与小带轮轮槽接触面间的摩擦力来传递动力。但当传递的外载荷增大到一定数值，即外载荷超过摩擦力的极限值时，带将沿整个接触弧滑动，这种现象称为打滑。带传动一旦出现打滑，将失去传动能力，从动轮转速急剧下降，带严重磨损，所以必须避免打滑。

实践部分　带传动在印刷机中的运用

一、实验目的

1. 了解带传动的结构；

2. 了解各种类型带传动的特点；

3. 掌握带传动在印刷机的具体应用（包括维护、使用及张紧），能根据印刷机的实际情况选用带传动。

二、实验具体要求

1. 指导教师给出三种常用的带传动，让学生分组进行安装。在安装过程中学生应该做到以下几点：

（1）绘制所安装带的结构图；

（2）比较三种带在安装过程中的难易度；

（3）带安装以后分别开动相关机器，分析机器的运行性能。

2. 查看一台常用印刷机（如 J2108A）的相关参数说明书，分析并讨论这台印刷机所用到的带传动类型。

3. 对一台常用的印刷机带传动进行维护及张紧。

4. 总结上述实验的结论并联系本节知识，完成本节前面所引入的问题。

三、注意事项

1. 按规定的流程进行安装。
2. 张紧力度要适中。
3. 要防止带的打滑及松动，保护机器及人身的安全。

习　题

一、选择题

1. 带传动是依靠__________来传递运动和功率的。
   A. 带与带轮接触面之间的正压力　B. 带与带轮接触面之间的摩擦力
   C. 带的紧边拉力　D. 带的松边拉力
2. 张紧的目的是__________。
   A. 减轻带的弹性滑动　B. 提高带的寿命
   C. 改变带的运行方向　D. 使带具有一定的初拉力
3. 选取V带型号，主要取决于__________。
   A. 带传递的功率和小带轮转速　B. 带的线速度
   C. 带的紧边拉力　D. 带的松边拉力
4. 带传动在工作中产生弹性滑动的原因是__________。
   A. 带与带轮之间的摩擦系数较小　B. 带绕过带轮产生了离心力
   C. 带的弹性与紧边和松边存在拉力差　D. 带传递的中心距大

二、填空题

1. 常见的带传动张紧装置有__________、__________、和__________等几种。
2. 在带传动当中，弹性滑动__________是避免的，打滑是__________避免的。
3. 带传动的主要失效形式有__________和__________。

三、简答题

1. 带传动的工作原理是什么？它有哪些优缺点？
2. 带传动的张紧装置有哪几种？
3. 带传动的日常维护中应注意哪些问题？

第三节　齿轮传动

【任务】内地有一家印刷企业，在印刷过程中发现有一台印刷机工作时传动面一侧有异常噪声，并且印刷品表面同一个地方存在有规律的墨杠，经过印刷和维修工人的反复查找，几天后终于排除了故障，恢复了生产。请联系本节知识点，分析上述现象可能存在的原因，并为这家企业制定一套维修或日常维护保养方案。

【分析】一台印刷机是否能发挥其最佳印刷性能，关键取决于其齿轮传动是否平稳、精确，传动效率是否很高，一旦印刷机中的齿轮出现问题，就会给印刷生产作业带来许多弊端，如印品套印不准、产生墨杠、能耗增加等。

一、齿轮传动概述

齿轮传动是印刷机传动装置中最常用、也是最重要的一个传动机构，如图 1–15 所示为印刷机传动面的主传动齿轮。

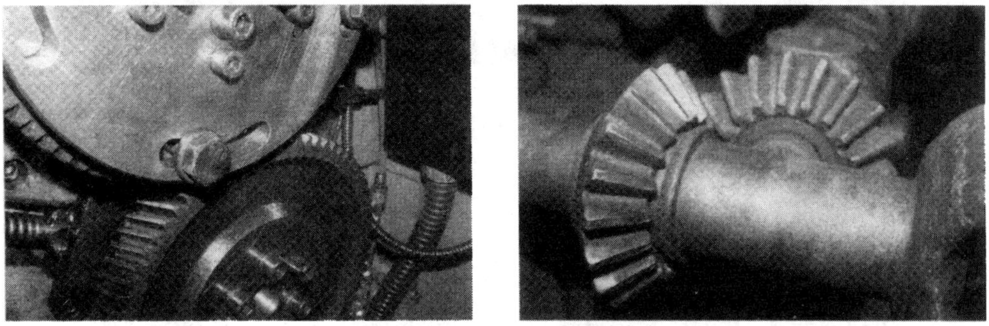

图 1–15　印刷机传动齿轮

1．齿轮传动的原理

齿轮传动是依靠主动轮和从动轮的啮合来传递运动和动力的。

2．齿轮传动的特点

齿轮传动是应用最广的一种传动形式，与其他传动相比较有以下优点：

①传动功率大、传动效率高；

②瞬时传动比稳定；

③工作平稳可靠、寿命长；

④可实现平行、相交、交错等轴之间的传动。

缺点：

①要求有较高的制造和安装精度；

②要求有专用的齿轮加工设备，成本高；

③不适用于距离较远的两轴间传动。

3．齿轮传动的类型

按照一对齿轮两轴线的相对位置和轮齿的齿向，齿轮可分为：

- 齿轮传动类型
  - 两轴线平行——圆柱齿轮
    - 直齿
      - 外啮合[图 1–16(a)]
      - 内啮合[图 1–16(b)]
      - 齿轮齿条啮合[图 1–16(c)]
    - 斜齿
      - 外啮合[图 1–16(d)]
      - 内啮合
      - 齿轮齿条啮合
    - 人字齿[图 1–16(e)]
  - 两轴线相交——圆锥齿轮
    - 直齿[图 1–16(f)]
    - 斜齿
    - 曲齿
  - 两轴线相错——
    - 交错轴斜齿[图 1–16(g)]
    - 蜗杆蜗轮[图 1–16(h)]

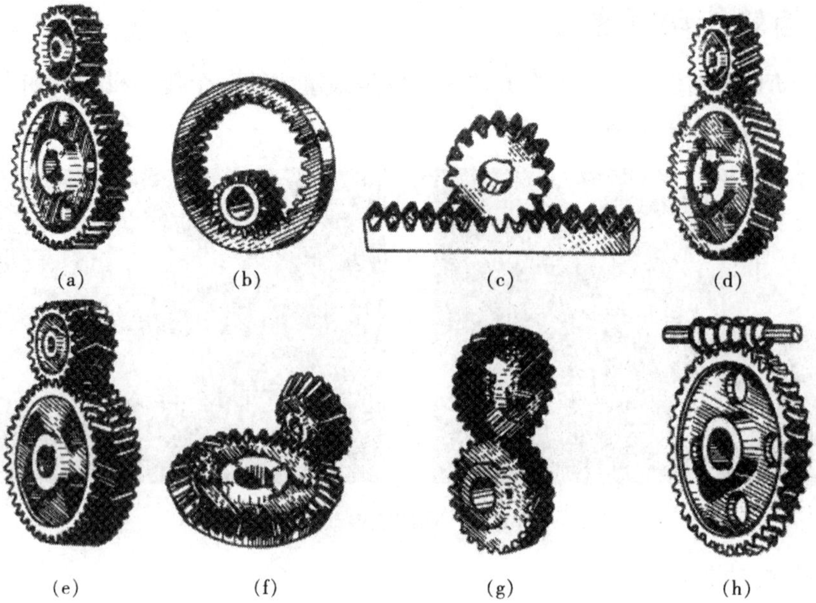

图 1-16　齿轮传动的类型

二、渐开线齿轮

（一）渐开线齿廓曲线

齿轮传动的基本要求之一是传动平稳，即要求瞬时传动比 $i_{12}=\omega_1/\omega_2$ 恒定（ω_1、ω_2 分别为主动轮、从动轮的角速度），否则，当主动轮以等角速度转动时，从动轮将以变角速度转动，从而产生惯性力，引起机器的振动、冲击和噪声，从而影响机器的工作精度和寿命。要保证瞬时传动比恒定，必须选用适当的齿廓曲线。根据齿廓啮合基本定律，理论上定传动比齿轮传动中可采用渐开线、摆线、圆弧等齿廓，目前最常用的是渐开线齿廓。

（二）渐开线的形成

人们经过长期的研究和实践证明，用圆的渐开线来作为齿轮的齿廓曲线较好。因此，印刷机械中的齿轮，多数是渐开线齿廓的齿轮。

1．渐开线的形成

取一个半径为 r_b 的圆盘，在圆盘的圆周上绕一根绳子，绳子的一端固定在圆盘的边缘上，另一端 A 处栓住一支铅笔，然后拉紧绳头 A 逐渐展开，铅笔在纸上画出来的一段曲线 AK 就称为渐开线，如图 1-17 所示。圆盘称为基圆，绳子称为发生线。将这个同一基圆上产生的两条相反的渐开线组成的轮廓，就是渐开线轮齿的轮廓。由这种轮齿构成的齿轮一般就称为渐开线齿轮，如图 1-18 所示。

2．渐开线的特性

图 1-17 为形成渐开线的原理图，为说明渐开线的特性，在图 1-17 的基础上加上了几条辅助线，用图 1-19 来表示。根据渐开线形成的原理，渐开线有下列几个主要特性。

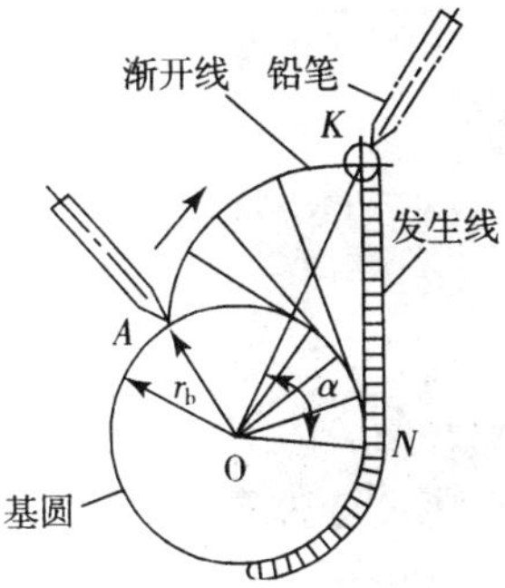

图 1–17 渐开线的形成

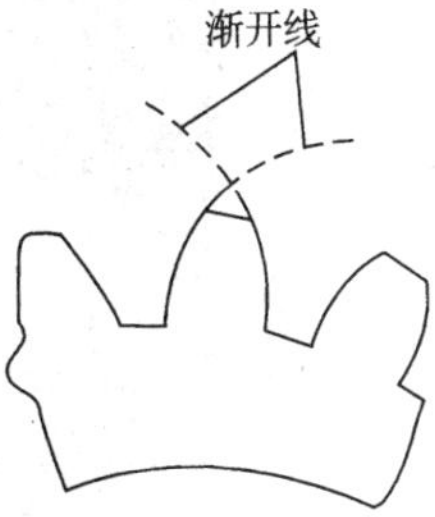

图 1–18 渐开线轮齿

（1）发生线沿基圆滚过的长度，等于基圆上被滚过的圆弧长度，$\overset{\frown}{AB} = \overset{\frown}{BK}$。

（2）发生线 BK 是渐开线在 K 点的法线。渐开线上任意点的法线，一定是基圆的切线。

（3）渐开线的形状取决于基圆的大小。同一基圆的渐开线形状完全相同。基圆越小，渐开线越弯曲；基圆越大，渐开线越平直。当基圆半径趋于无穷大时，渐开线就成为了一条直线，这种直线型的渐开线就是齿条的齿廓曲线，如图 1–20 所示。

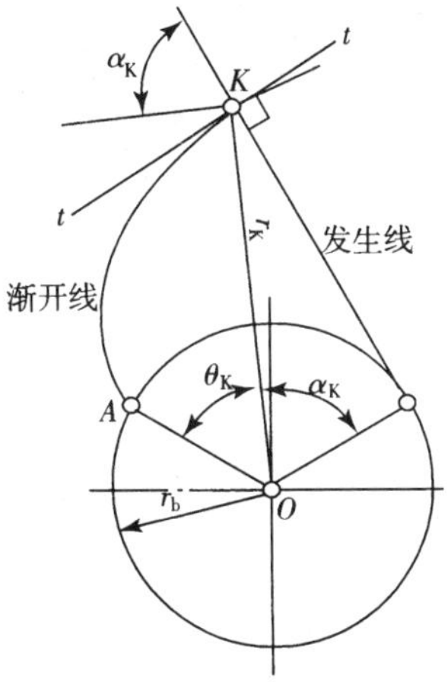

图 1–19 渐开线的特性

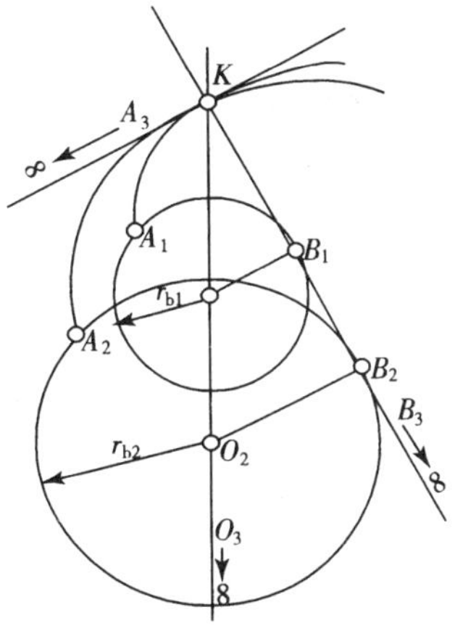

图 1–20 不同基圆的渐开线

三、渐开线标准直齿圆柱齿轮各部分的名称及几何尺寸

（一）齿轮各部分的名称及符号

图 1–21 为高宝利必达 105U 型印刷机串墨辊主传动齿轮，用来实现串墨辊的周向运转。图 1–22(a)为外齿轮，图 1–22(b)为内齿轮，图 1–22(c)为齿条。由图可知，齿轮两侧的齿廓是形状相同、方向相反的渐开线曲面，现以外齿轮为例，说明齿轮各部分的名称及相关符号。

1. 齿数

齿轮圆周上均匀分布的轮齿总数称为齿数，用 z 表示。

图 1-21　高宝利必达 105U 型印刷机串墨辊齿轮

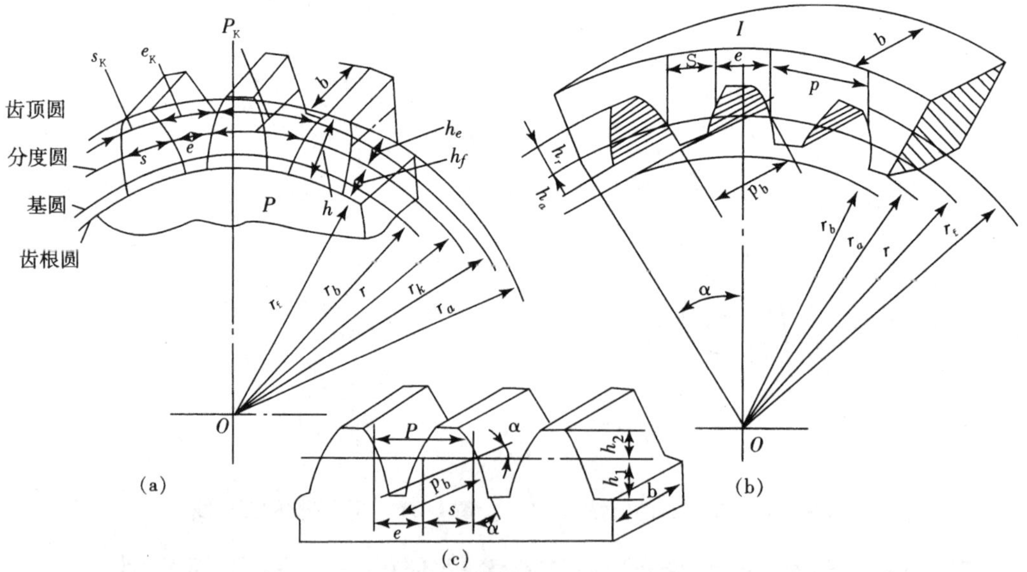

图 1-22　齿轮各部分的名称和尺寸

2. **齿顶圆**

齿顶圆柱面与端平面的交线，半径用 r_a 表示，直径用 d_a 表示。

3. **齿根圆**

齿槽底部的圆柱与端平面的交线，半径用 r_f 表示，直径用 d_f 表示。

4. **齿厚**

在任意半径为 r_k 的圆上，同一轮齿两侧齿廓间的弧长称为该圆上的齿厚，用 s_k 表示。

5. **齿槽宽**

相邻两齿齿间的弧长称为该圆上的齿槽宽，用 e_k 表示。

6. **齿距**

相邻两齿同侧齿廓间的弧长称为该圆上的齿距，用 P_k 表示。

7. **分度圆**

指为使设计制造方便，人为取定一个圆，使该圆上的齿厚和齿槽宽相等，模数和压力角取标准值，这个圆称为分度圆。分度圆上所有参数不带下标，如分度圆半径用 r 表示，压力角用 α 表示等。

8. **齿顶高**

指分度圆与齿顶圆之间的径向距离，用 h_a 表示。

9. **齿根圆**

指分度圆与齿根圆之间的径向距离，用 h_f 表示。

10. **全齿高**

齿顶高与齿根高之和称为全齿高，$h = h_a + h_f$。

（二）直齿圆柱齿轮的基本参数

直齿圆柱齿轮主要有以下 5 个参数，它是齿轮几何尺寸计算的依据。

1. **模数** m

由齿距定义可知，分度圆周长 $\pi d = zp$，由于为无理数，不利于尺寸计算和制造，所以人为定义：

$$m = \frac{P}{\pi}$$

式中，m 称为该齿轮的模数，单位为 mm。因此分度圆上齿距 $P = \pi m$，分度圆直径 $d = mz$。模数 m 为标准值（可直接查表），它是决定齿轮尺寸的一个基本参数。模数越大，轮齿越大，轮齿的承载能力就越强，当分度圆直径相同时，模数小的轮齿小，其齿数多，传动更平稳。

2. **齿数** z

当齿轮模数一定时，齿数越多，齿轮几何尺寸越大，齿廓曲线越趋平直。

3. **压力角** α_k

压力角是指渐开线齿廓上任意一点 K（如图 1–20 所示）的受力方向线（即 K 点的法线）与该点的运动方向线之间所夹的锐角，称为该点的压力角，用 α_k 表示。由渐开线特性可知，渐开线上各点的压力角是不同的。我国的国家标准规定分度圆压力角 $\alpha = 20°$。

由渐开线的特性可知，渐开线的形状由基圆决定，即由 m、z、α 所决定，所以 m、z、α 这三个参数是决定渐开线齿廓形状的三个基本参数。

4. **齿顶高系数** h_α^* **和顶隙系数** c^*

一齿轮的齿顶和另一齿轮的槽底应有一定的径向间隙，以保证传动不发生干涉，并可储存润滑油以润滑齿面，这一径向间隙称为顶隙，用 c 表示。表示为模数的 c^* 倍，c^* 称顶隙系数，另外把齿顶高也表示成模数的 h_α^* 倍，h_a^* 称齿顶高系数。即

$$c = c^* m，h_\alpha = h_\alpha^* m，则 h_f = (h_\alpha^* + c^*) m$$

直齿圆柱齿轮的齿顶高系数 h_{α}^{*} 和顶隙系数 c^{*} 的标准值为：正常齿：$h_{\alpha}^{*}=1$，$c^{*}=0.25$；短齿：$h_{\alpha}^{*}=0.8$，$c^{*}=0.3$。

四、标准直齿圆柱齿轮的正确啮合条件和连续传动条件

1．渐开线直齿圆柱齿轮正确啮合条件

一对标准直齿圆柱齿轮，只有当两个齿轮的模数和压力角分别相等，且等于标准值时才能正确啮合，所以两齿轮正确啮合的条件为 $m_1=m_2=m$，$\alpha_1=\alpha_2=\alpha=20°$。

2．无齿侧间隙啮合条件

一对相互啮合传动的齿轮，为了消除反向转动空程和减少冲击，两轮的齿侧间隙应为零。由于一对齿轮传动相当于各自节圆的纯滚动，所以一对齿轮无侧隙啮合的条件是：一个齿轮节圆上的齿厚等于另一个齿轮上的齿槽宽。由于标准齿轮在分度圆上的齿厚和齿槽宽相等，所以，安装时应使两齿轮的分度圆相切，即分度圆与节圆重合，才能做到无侧隙。此时中心距称为标准中心距。

3．连续运动条件

为了保证一对渐开线齿轮能够连续传动，必须做到前一对啮合轮齿尚未脱离啮合，而后一对轮齿应进入啮合，否则传动就会间断。因此一对齿轮在任何啮合瞬间必须有一对或一对以上的齿处于啮合状态。对于标准齿轮一般都能满足这一连续传动条件。

五、斜齿圆柱齿轮传动

1．斜齿轮齿廓曲面的形成

直齿圆柱齿轮轮齿渐开线曲面的形成如图 1-23（a）所示。平面 S 称为发生面，形成的曲面即为直齿圆柱齿轮的齿廓曲面。

假想将一个直齿圆柱齿轮沿轴线扭转一个角度，便得到斜齿圆柱齿轮。斜齿圆柱齿轮齿廓曲面的形成如图 1-23（b）所示。平面 S 沿基圆柱作纯滚动时，其上与母线 AA 成一倾斜角 β_b 的斜直线在空间所走过的轨迹为一个渐开线螺旋面，该螺旋面即为斜齿圆柱齿轮的齿廓曲面，β_b 称为基圆柱上的螺旋角。

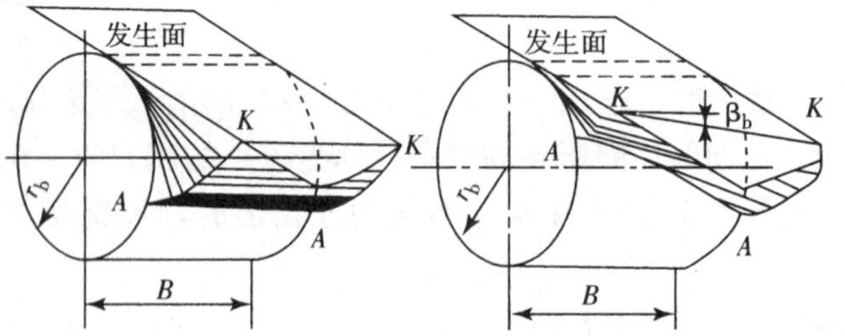

（a）　　　　（b）

图 1-23　渐开线齿面的形成

2．斜齿轮啮合特点

直齿圆柱齿轮啮合时，齿面的接触线均平行于齿轮轴线。如图 1-24（a）所示，因此齿轮是沿整个齿宽同时进入啮合的，载荷沿齿宽突然加上及卸下。因此直齿轮传动的平稳性较差，在高速和重载的场合，容易产生冲击、振动和噪声。

一对平行轴斜齿圆柱齿轮啮合时，斜齿轮的齿廓是逐渐进入啮合、逐渐脱离啮合的。如图1-24(b)所示，斜齿轮的齿廓接触线长度由零逐渐增加，又逐渐缩短，直至脱离接触，载荷也不是突然加上或卸下的，因此斜齿轮传动平稳，连续性好，承载能力高，适用于高速、重载、大功率的场合。

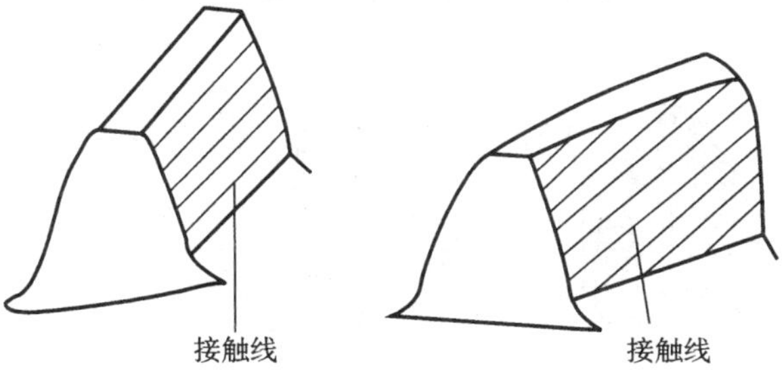

图1-24　齿轮啮合的接触线

斜齿圆柱齿轮每一个齿参加啮合的周期比较长，因此，在斜齿圆柱齿轮传动中，同时啮合的齿的对数就比较多，从而使传动更为平稳，承载能力也大为提高。但斜齿圆柱齿轮承受载荷时会产生附加的轴向分力，而且螺旋角越大，轴向分力也越大。改用人字齿轮可以消除附加轴向力。

3．平行轴斜齿轮传动的正确啮合条件

斜齿轮在端面内的啮合相当于直齿轮的啮合，平行轴外啮合标准斜齿轮正确啮合的条件为：

（1）法向模数相等，$m_{n1} = m_{n2}$；

（2）法面压力角相等，$\alpha_{n1} = \alpha_{n2}$；

（3）螺旋角大小相等，方向相反，$\beta_1 = -\beta_2$（内啮合时，旋向相同）。

4．斜齿轮的应用

正因为斜齿轮有承载能力大、传动平稳、噪声小、使用寿命长等优点，所以在印刷机械中普遍使用，光华印刷机滚筒传动（如图1-25所示），甚至如印刷机机组间的主传动（如图1-26所示）采用的都是斜齿轮。

图1-25　光华印刷机滚筒传动斜齿轮

图1-26　高宝利必达105型印刷机主传动齿轮

六、直齿圆锥齿轮传动

1. 锥齿轮的结构特点

圆锥齿轮又称伞形齿轮，主要用于相交轴和交错轴间的动力传递。锥齿轮的轮齿是均匀分布在圆锥体上的，而且轮齿向锥顶方向逐渐缩小（如图 1–27 所示）。

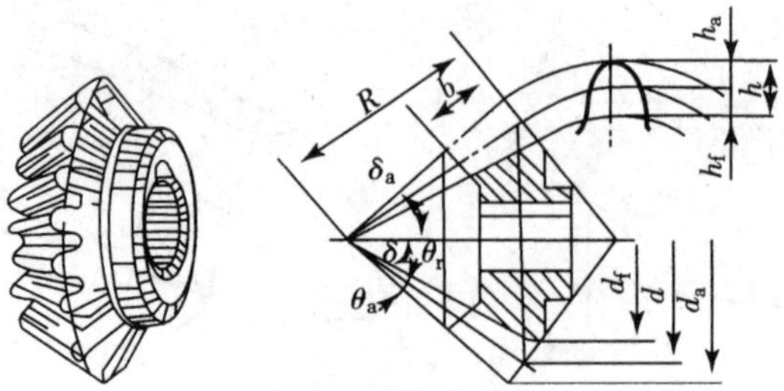

图 1–27　直齿圆锥齿轮的外形

2. 锥齿轮的分类

按齿线的形状可分为直齿、斜齿和螺旋齿三种。直齿圆锥（如图 1–28 所示）齿轮易于制造，适用于低速、轻载的场合；斜齿和螺旋锥齿轮（如图 1–29 所示）传递平稳、承载能力强，用于高速、重载的场合。

图 1–28　直齿圆锥齿轮

图 1–29　螺旋锥齿轮

3. 直齿圆锥齿轮正确啮合条件

由于直齿圆锥齿轮的齿厚和齿高，从大端到小端逐渐缩小，通常都把直齿圆锥齿轮中齿形较大处的大端模数取为标准模数，大端分度圆处的压力角取为标准压力角。

一对直齿圆锥齿轮传动的正确啮合条件为：两轮大端模数和大端分度圆的压力角分别相等，即 $m_1 = m_2 = m$，$\alpha_1 = \alpha_2 = \alpha$。

4. 锥齿轮的特点及应用

在锥齿轮传动中，两轴的交角可以是任意的，由于印刷机当中使用的大多数是直齿圆锥齿轮，两轴间的交角一般为 90°，所以本节讨论的是直齿圆锥齿轮。

锥齿轮的加工和安装比较困难。锥齿轮传动中有一个齿轮必须悬臂安装，因此降低了锥齿轮传动的精度和承载能力。所以锥齿轮传动一般应用在低速、轻载的场合。

印刷机传动机构当中有多处用到圆锥齿轮，主要用来改变运动的传递方向，如传动印刷机上接纸辊的转动采用的就是圆锥齿轮，如图 1–30 所示。

图 1–30　圆锥齿轮传动

七、齿条与齿轮传动

在印刷机械传动中，除了广泛地应用齿轮传动外，还经常应用到齿轮与齿条间的传动。齿轮齿条传动可以把齿轮的回转运动变成齿条的直线运动，如打样机中的动力运动平台采用的就是齿轮和齿条传动机构，如图 1–31 所示。

图 1–31　打样机运动平台上的齿条

1. 齿条及其特性

齿条是基圆为无穷大的渐开线齿轮，其齿廓为直线，如图 1–22(c)所示。用以确定齿条尺寸的直线称为中线，中线上的齿厚等于槽宽，即 $s=e$。齿条与齿轮相比较，有如下特点：

（1）同侧齿廓上各点法线平行，齿条运动为沿中线的平动。所以，齿条上各点的压力角都相等，即 $a_K=a=20°$。齿条的压力角又称齿形角；

（2）侧齿廓相互平行，所以齿条在不同高度上的齿距都相等，即 $P_K=P=\pi m$。

2. 齿条与齿轮的啮合特点

如图 1–32 所示，标准齿轮和齿条正确安装时，齿轮的分度圆与齿条的中线相切并作纯滚动。此时齿轮的节圆与分度圆重合，节点为 C，啮合线垂直于齿条的齿廓并与齿轮的基圆切于 N_1 点，啮合角 α' 等于压力角 α。

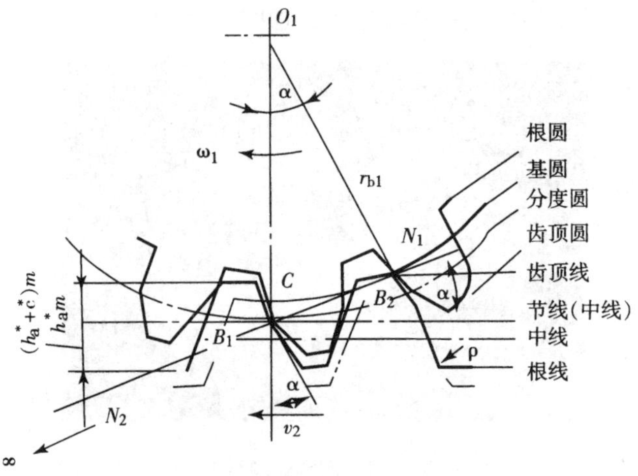

图 1-32

当齿条的中心线沿 O_1C 远离（或靠近）齿轮时（如图 1-32 中双点划线），由于齿轮基圆的大小及位置未变，齿条直线齿廓的方位也未变，因此，啮合线位置不变，节点 C 的位置也没有变化，齿轮的节圆依然与分度圆重合，此时与齿轮节圆相切并作纯滚动的是与齿条中线相平行的节线。

综上所述可知，渐开线齿轮与齿条啮合传动，不论齿条的中线是否与齿轮的节圆相切（是否标准安装），啮合线为固定直线，齿轮的节圆总是与分度圆重合，啮合角总等于分度圆上的压力角，齿条移动的速度 $v_2 = r_1\omega_1$。

八、轮齿失效形式

1. 轮齿折断

轮齿传递动力时，相当于一悬臂梁，在齿根处受到的弯曲应力很大，而且是交变应力，同时齿根的过渡圆角处具有较大的应力集中，轮齿在交变载荷的不断作用下，齿根的应力集中处会产生疲劳裂纹，裂纹逐渐扩展直至轮齿断裂，这种折断称为疲劳折断，如图 1-33(a)所示。此外，若齿轮材料的脆性较大，在受到短时过载或过大的冲击载荷时，或严重磨损导致齿厚过薄，常会引起轮齿的突然折断，称为过载折断。

如果齿轮宽度过大，由于制造、安装的误差例如其局部受载过大时，会造成局部折断，如图 1-33(b)所示，若安装齿轮的轴弯曲变形过大而引起轮齿局部受载过大时，也会发生局部折断。

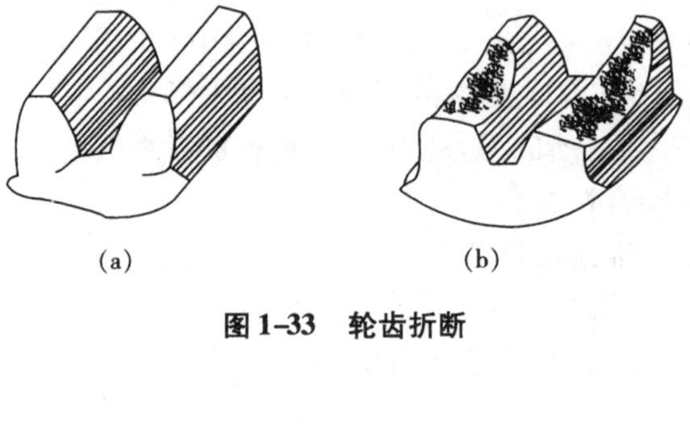

(a)　　　　(b)

图 1-33　轮齿折断

提高齿轮抗折断能力的措施有：

（1）减小齿根应力集中（增加齿根过渡圆角，降低齿根部分表面粗糙度）；

（2）提高安装精度及支撑刚性，避免轮齿偏载；

（3）改善热处理，使其有足够的齿芯韧性和齿面硬度；

（4）齿根部分进行表面强化处理（喷丸、滚压）；设计时限制齿根弯曲应力，使用值小于许用值。

2．齿面点蚀

轮齿进入啮合时，齿面接触处产生很大的接触应力，脱离后接触应力立即消失。如果接触应力超过了轮齿材料的接触疲劳极限时，齿面上产生裂纹，裂纹扩展致使表层金属微粒剥落，形成小麻点，这种现象称为齿面点蚀，如图 1–34 所示。

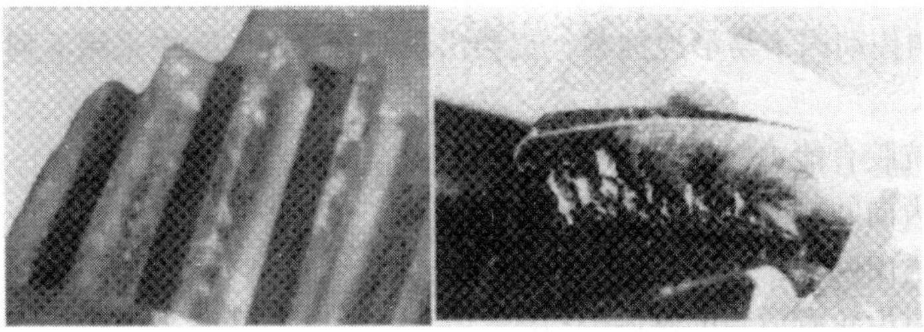

图 1–34　齿面点蚀

实践证明，由于轮齿在节线附近啮合时，同时啮合的齿数少，且轮齿间相对滑动速度小，润滑油膜不易形成，所以点蚀首先出现在靠近节线的齿根面上。一般闭式传动中的软齿面较易发生点蚀失效，设计时应保证齿面有足够强度。为防止过早出现点蚀，可采取以下措施改善散热：

（1）提高齿面硬度；

（2）降低表面粗糙度，选用较高黏度的润滑油；

（3）提高齿轮加工和安装精度。

3．齿面磨损

轮齿在啮合过程中存在相对滑动，使齿面间产生摩擦磨损，如图 1–35 所示。如果有金属微粒、砂粒、灰尘等进入轮齿间，将引起磨粒磨损，磨损将破坏渐开线齿形，并使侧隙增大而引起冲击和振动，严重时甚至因齿厚减薄过多而折断。磨损是开式传动的主要失效形式。

防止措施：

（1）提高齿面硬度；

（2）降低表面粗糙度；

（3）降低滑动系数；

（4）滑动油定期清洁和更换；

（5）变开式为闭式。

4．齿面胶合

在高速重载的齿轮传动中，齿面间的高压、高温使油膜破裂，局部金属互相粘接继而又相对滑动，金属从表面被撕落下来，而在齿面上沿滑动方向出现条状伤痕，称为胶合，如图 1–36 所示。

图 1–35　齿面磨损

图 1–36　齿面胶合

低速重载的传动因不易形成油膜，也会出现胶合。在实际中采用下列方法防止胶合的产生：

（1）采用抗胶合能力强的润滑油；

（2）降低齿面间相对滑动速度；

（3）提高齿面硬度；

（4）是配对齿轮有适当的硬度差；

（5）改善润滑与散热条件。

5. **塑性变形**

当齿轮材料较软而载荷较大时，轮齿表面材料沿着摩擦力方向发生塑性变形，导致主动轮齿面节线处出现凹沟，从动轮齿面节线处出现凸棱，从而使齿面正常轮廓曲线被损坏影响齿轮的正常啮合，如图 1–37 所示。

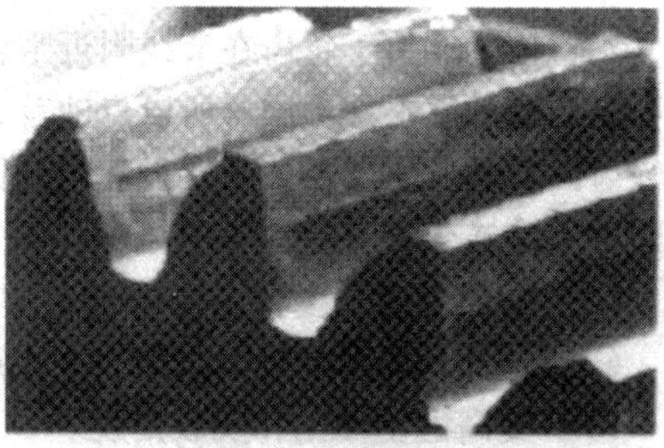

图 1–37　齿面塑性变形

为防止齿面塑性变形，可采取以下几种措施：

（1）提高齿面硬度；

（2）采用高黏度的润滑油或加极压添加剂。

九、齿轮常用材料

通过对齿轮轮齿失效形式的分析可见，对齿轮材料的基本要求是：

（1）齿面要有足够的硬度，以获得较高的抗点蚀、抗磨损、抗胶合和抗塑性变形的能力；

（2）齿芯要有足够的强度和韧性，从而具有抗变载荷和冲击载荷的能力；

（3）要有良好的加工工艺和热处理性能，使之便于加工且便于提高其力学性能。

最常用的齿轮材料是钢（如图 1–38 所示），此外还有铸铁以及一些非金属材料（如图 1–39 所示）。

图 1-38 钢质齿轮

图 1-39 非金属材料齿轮

十、齿轮传动的使用与维护

上面我们分析了齿轮传动的失效形式，齿轮一旦失效将会给生产带来重大事故和损失，为了提高齿轮的使用寿命，减小齿轮失效的几率，我们日常生产中应注意对齿轮进行维护和保养，其要点是加载平稳、密切监视、定期检查、润滑及时等。

齿轮传动在使用与维护时应注意以下几个方面。

（1）使用齿轮传动时，在加载、卸载及换挡的过程中应平稳，避免产生冲击载荷，以防引起断齿等故障；尤其在启动过程中，齿轮表面尚未形成润滑油膜或压力喷油系统尚未正常工作，还有可能引起严重的磨损和胶合。

（2）密切监视齿轮传动中的工作状态，如有无齿轮异响或齿轮箱过热等。齿轮异响主要由于齿面失效、齿体或齿轮轴变形、齿轮精度低、齿轮箱轴孔形位公差大等原因引起的，这将使齿侧间隙发生变化，齿轮不能正常啮合，轮齿间发生撞击或挤压，从而导致传动系统产生振动和异常声响。齿轮箱过热的原因，可能是由于齿侧间隙过小、油质不好引起的摩擦损失过大，润滑油不足，散热不良等。出现这方面问题应及时检查，必要时应进行修理，以免酿成大的事故。

（3）按照使用要求定期检查齿轮的完好状况。对有齿面缺陷的齿轮，如单向传动的齿轮，在可能条件下也可换向使用；对个别断齿的齿轮可采用堆焊或镶齿法进行恢复。必要时应更换新品，锥齿轮应成对更换。在对修复或检修过的齿轮进行装配时应特别注意齿轮是否能正确啮合。

（4）锥齿轮对其轴线偏移特别敏感，误差大时，通常小齿轮会过早失效。当锥齿轮箱结构一定时，可通过改变垫片厚度等方法来调整其轴线偏移。

（5）润滑不当和装配不合要求是齿轮失效的主要原因。通常声响监测和定期检查是发现齿轮损坏的主要方法。

扩展知识

齿轮的基本参数和几何尺寸计算

一、斜齿轮的基本参数和几何尺寸计算

1. 基本参数

斜齿轮的轮齿为螺旋形，端面齿廓是渐开线，所以有关齿形的尺寸应在端平面内进行计算。但展成法加工时，斜齿轮的法面齿形与刀具相同，且啮合时的作用力也是在法向平面内，故斜齿轮的法面参数为标准值。

（1）螺旋角。斜齿轮分度圆柱面与齿廓交线为螺旋线，展开成一斜直线，如图 1-40 所示。该直线与轴线的夹角为 β，称为斜齿轮在分度圆柱上的螺旋角，简称斜齿轮的螺旋角。设螺旋角绕一周时齿轮轴方向前进的距离（导程）为 P_z，分度圆柱直径为 d，则

$$\tan\beta = \frac{\pi d}{P_z}$$

螺旋角 β 越大，则轮齿倾斜越厉害；$\beta = 0$ 时，齿轮就是直齿圆柱齿轮。

斜齿轮按其齿廓渐开螺旋面的旋向，可分为右旋和左旋两种，如图 1-41 所示。

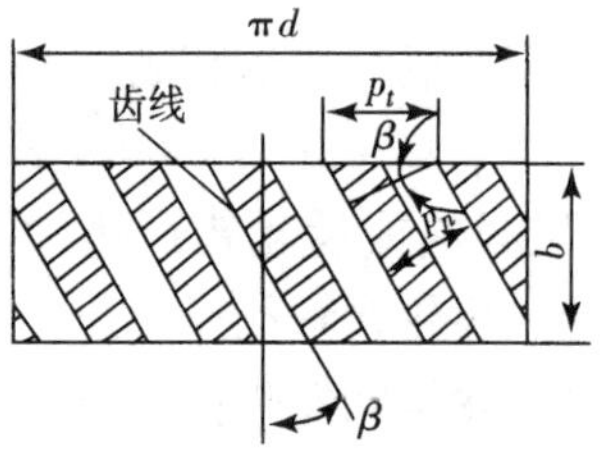

图 1-40　斜齿轮沿分度圆柱面展开

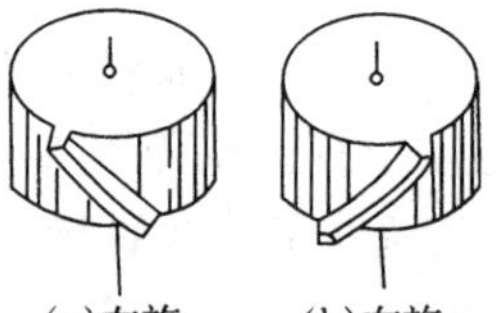

图 1-41　斜齿圆柱齿轮轮齿螺旋线方向

（2）齿顶高系数及顶隙系数。斜齿轮的齿顶高和齿根高在端面和法面是相等的，即

$$h_{an}^{*} m_n = h_{at}^{*} m_t \qquad c_n m_n = c_t^{*} m_t$$

将式（1-3）代入以上两式得：

$$h_{at}^{*} = h_{an}^{*} \cos\beta，\ c_t = c_n^{*} \cos\beta$$

标准斜齿轮的法向参数为标准值，即，$h_{an}^{*} = 1$，$c_n^{*} = 0.25$。

2. 斜齿轮的几何尺寸计算

斜齿轮的啮合在端面上相当于一对直齿轮的啮合，因此将斜齿轮的端面参数代入直齿轮的计算公式，就可得到斜齿轮的相应尺寸，见表 1-5。

表 1-5　斜齿轮几何尺寸计算公式

名称	符号	计算公式
分度圆直径	d	$d = m_1 z =（m_n/\cos\beta）z$
齿顶高	h_a	$h_a = h_{an}^{*} m = m_n$
齿根高	h_f	$h_f = 1.25 m_n$

续表

名称	符号	计算公式
全齿高	h	$h = h_n + h_f = 2.25m_n$
齿顶圆直径	d_a	$d_a = d + 2h_a$
齿根圆直径	d_f	$d_f = d - 2h_f$
标准中心距	a	$a = \frac{1}{2}(d_1 = d_2) = \frac{1}{2}m_t(z_1 + z_2) = \frac{m_n}{2\cos\beta}(z_1 + z_2)$

斜齿轮传动的中心距与螺旋角β有关。当一对斜齿轮的模数、齿数一定时，可以通过改变其螺旋角β的大小来调整中心距，而无须变位。

二、直齿圆锥齿轮的传动比

由于圆锥齿轮的背锥展开后相当于一个圆柱齿轮，所以圆锥齿轮的各个参数都规定以此大端为标准。比如，大端模数m是标准模数，背锥面上齿形压力角$\alpha = 20°$，齿顶高系数、顶隙系数等也都按大端背锥上的数值来规定。至于其他各参数与各部分尺寸的关系就如同直齿圆柱齿轮情况。

将直齿圆锥齿轮各部分尺寸的几何关系如1–42所示，由图中直角三角形OAB和OAC可得传动比：

$$i = \frac{\omega_1}{\omega_2} = \frac{z_1}{z_2} = \frac{d_2}{d_1} = \tan\delta_2 = \cot\delta_1$$

式中，δ_1、δ_2分别为主动轮、从动轮的分度锥角；z_1、z_2分别为主动轮、从动轮的齿数；d_1、d_2分别为主动轮、从动轮的分度圆直径。

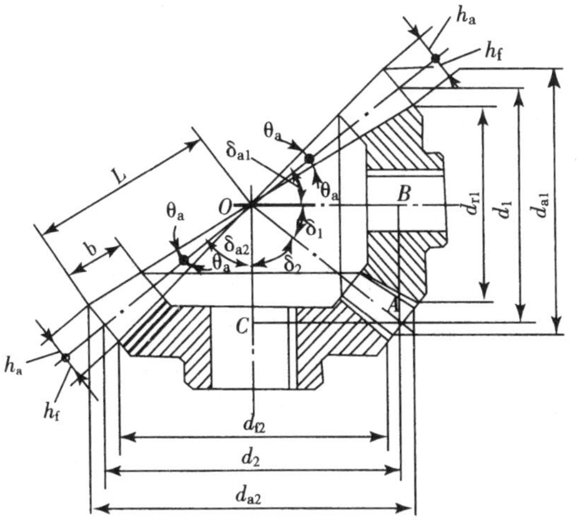

图1–42 圆锥齿轮的几何尺寸

实践部分 齿轮的失效形式分析及失效齿轮的更换安装

一、实验目的

1. 了解齿轮的结构和啮合特点；

2. 分析和掌握实际工作齿轮的失效形式及解决、维护方法；

3. 掌握印刷机传动齿轮的拆装技巧。

二、实验具体要求

1. 指导教师拿一对同型号已经损坏的齿轮和一对新的齿轮进行比较，学生应该做到以下几点：

（1）仔细分析新旧齿轮的结构和差别；

（2）分析旧齿轮损坏的原因及日常维护方法。

2. 把新的齿轮更换到已经损坏的旧齿抡位置上。

3. 开动印刷机，查看新齿轮的运动性能。

4. 总结上述实验结论，联系本节知识点，完成本节前面所引入的任务。

三、注意事项

1. 更换旧齿轮时，应注意细小零件的拆装，否则就会掉到印刷机油池或其他较隐蔽的地方，难以寻觅。

2. 安装新齿轮时，应尽量安装到位，使齿轮啮合尽量紧凑。

3. 调试新齿轮时应对新齿轮加以润滑，防止干磨。

习 题

一、选择题

1. 高速重载齿轮传动，当润滑不良时，最可能出现的失效形式是__________。

A. 齿面胶合 B. 齿面疲劳点蚀 C. 齿面磨损 D. 轮齿疲劳折断

2. 一对圆柱齿轮传动中，当齿面产生疲劳点蚀时，通常发生在__________。

A. 靠近齿顶处 B. 靠近齿根处 C. 靠近节线的齿顶部分 D. 靠近节线的齿根部

3. 一对标准渐开线圆柱齿轮要正确啮合，它们的__________必须相等。

A. 直径 B. 模数 C. 齿宽 D. 齿数 z

4. 为了提高齿轮传动的接触强度，可采取__________的方法。

A. 采用闭式传动 B. 增大传动中心距 C. 减少齿数 D. 增大模数

5. 斜齿圆柱齿轮的标准模数和标准压力角在__________上。

A. 端面 B. 轴面 C. 主平面 D. 法面

6. 渐开线齿廓上压力角为零的点在齿轮__________上。

A. 基圆 B. 齿根圆 C. 分度圆 D. 齿顶圆

二、填空题

1. 减小齿轮动载荷的主要措施有（1）__________；（2）__________。

2. 一对外啮合斜齿圆柱齿轮的正确啮合条件是（1）_______；（2）_______；（3）_______。

3. 衡量齿轮特性的相关参数有（1）______________；（2）______________；（3）______________等。

三、简答题

1. 齿轮在什么情况下发生胶合，采取哪些措施可以提高齿面抗胶合能力？

2. 在二级圆柱齿轮传动中，如其中一级为斜齿圆柱齿轮传动，另一级为直齿锥齿轮传动。试问斜齿轮传动应布置在高速级还是低速级？为什么？

3. 为什么在传动的轮齿之间要保持一定的侧隙？侧隙选得过大或过小时，对齿轮传动有何影响？

四、计算题

1. 有一对标准直齿圆柱齿轮（$\alpha=20°$，$h_a^*=1$，$c^*=0.25$）$z_1=21$，$z_2=63$，$m=3.5mm$，试计算这对齿轮的分度圆直径 d，齿顶圆直径 d_a，齿根圆直径 d_f，基圆直径 d_b，齿顶高 h_a，齿根高 h_f，全齿高 h，齿距 p，齿厚 s，齿宽 e，中心距 a。

第四节　链传动

【任务】印刷机有三处用到链传动即（1）输纸台升降机构；（2）收纸链条；（3）收纸台升降机构。有一台印刷机在收纸过程中发现纸张传递很不平稳，有抖动现象，并且偶尔有破纸和纸张掉落故障，请分析此种现象产生的原因并根据实际条件提出解决方案。

【分析】印刷品印刷完后是通过链带动收纸牙排来传递纸张的，链条的传动性能直接影响印品的传递效果。

一、概述

1. 链传动工作原理

链传动是一种具有中间挠性件（链条）的啮合传动，它同时具有刚、柔特点，是一种常见的机械传动形式，如图1-43所示。链传动由主动链轮1、从动链轮2和中间挠性件（链条）3组成，通过链条的链节与链轮上的轮齿相啮合传递平行轴间的运动和动力。

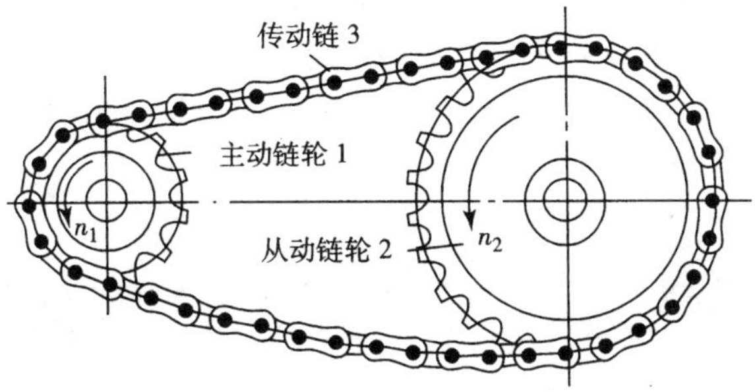

图1-43　链传动

2. 链传动的特点

和带传动比较，链传动的主要优点是：

（1）没有滑动；

（2）工况相同时，传动尺寸比较紧凑；

（3）不需要很大的张紧力，作用在轴上的载荷较小；

（4）传动效率较高；

（5）能在温度较高、湿度较大的环境中使用等。

链传动的缺点是：

（1）只能用于平行轴间的传动；

（2）瞬时速度不均匀，高速运转时不如带传动平稳；

（3）不宜在载荷变化很大和急促反向的传动中应用；

（4）工作时有噪声；

（5）制造费用比带传动高等。

3. 链传动的类型及应用

按用途的不同，链条可分为传动链、起重链和输送链。输送链和起重链主要用于运输和起重机械中，而在一般传递机械中，常用的是传动链。

链传动主要用在要求工作可靠，且两轴相距较远以及其他不宜采用齿轮传动的场合。例如在摩托车上应用了链传动，结构上大为简化，而且使用方便可靠。链传动还可应用于低速重型及极为恶劣的工作条件下，例如掘土机的运行结构，虽常受到土块、泥浆及瞬时过载等影响，但仍能很好的工作。总的说来，链传动因其经济可靠，被广泛地用于农业、采矿、冶金、起重、运输、石油、化工、纺织、印刷等各种机械的动力传动中。如印刷机传动装置当中纸台的升降机构，收纸牙排的传送机构用的都是链传动，如图 1-44 所示。

图 1-44　收纸牙排上的链传动

二、滚子链和链轮

1. 滚子链的结构

传动链有齿形链（如图 1-45 所示）和滚子链（如图 1-46 所示）等类型。齿形链运转较平稳，噪声小，又称无声链。它适用于高速、运动精度较高的传动中，链速可达 40m/s，但缺点是制造成本高、重量大，使用较少，而滚子链使用最广，印刷机传动当中采用的一般都是滚子链。

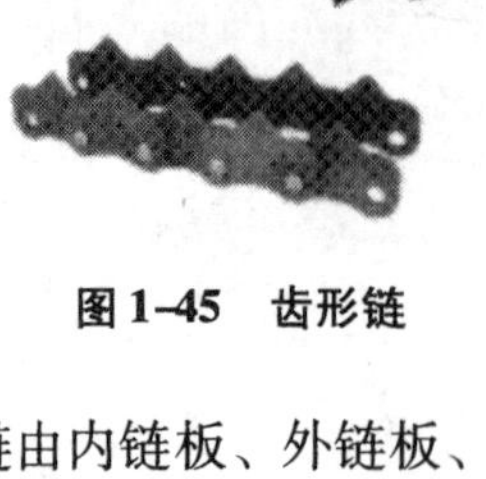

图 1-45　齿形链

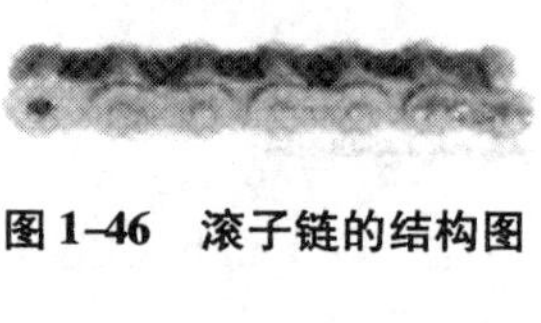

图 1-46　滚子链的结构图

滚子链由内链板、外链板、套筒、销轴和滚子组成。内、外链板交错联接而构成铰链。内、外链节间相对运动时，套筒可绕销轴自由转动。链传动工作时，活套在套筒上的滚子沿链轮齿廓滚动，可以减轻链条和链轮轮齿的磨损，链板均制成“∞”字形，近似符合等强度要求，并可减轻重量和运动时的惯性力。

链条在使用时形成首尾封闭的环形，当链节数为偶数时，正好是外链板与内链板相接，可用开口销或弹簧卡固定销轴，如图 1-47(a)、(b)所示。若链节数为奇数，则需采用过渡链节，如图 1-47(c)所示。由于过渡链节的链板要受附加弯矩的作用，一般应避免使用，最好采用偶数链。

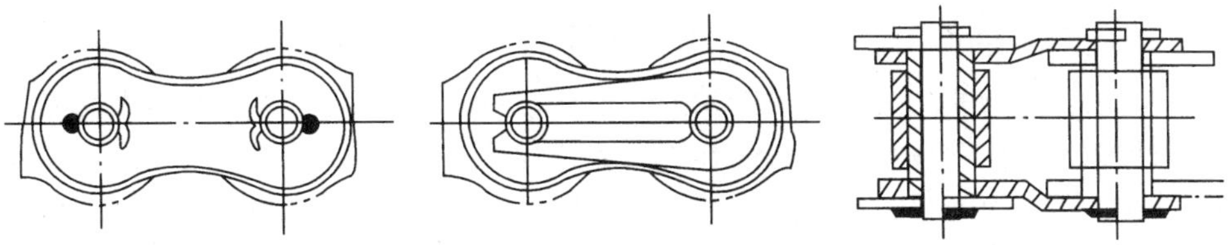

(a) (b) (c)

图 1-47 滚子链接头形式

链节距指相邻两滚子轴线间的距离，它是传动链的重要参数。在一定条件下，链的节距越大，承载能力就越高，但传动的不平稳性、噪声和磨损就越严重。在生产中，只要能保证承载能力，应尽量使用较小节距的链条，它传动较平稳、噪声小。当传递功率较大时，常用小节距双排链图或多排链的使用寿命，因此实际运用中排数一般不超过 4。

（二）链轮的结构和材料

链轮是链传动的主要零件。链轮齿形应易加工、不易脱链，保证链条顺利进入和退出啮合，并使链条受力均匀。

1. 链轮的结构

小直径的链轮可制成整体式［如图 1-48(a)所示］，中等尺寸的链轮可制成空板式［如图 1-48(b)所示］，大直径的链轮常用组合式，齿圈可以焊接［如图 1-48(c)所示］或用螺栓联接在轮芯上。

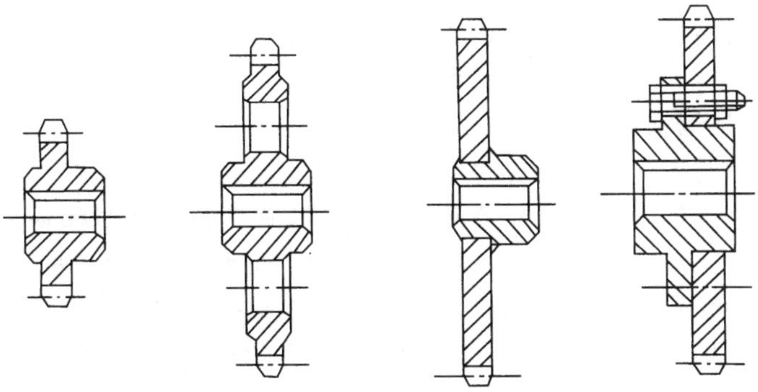

(a) (b) (c) (d)

图 1-48 链轮的结构

2. 链轮的材料

链轮轮齿应具有足够的耐磨性和强度。对于要求传动平稳和噪声小的场合，可采用夹布胶木和尼龙来制作。另外，小链轮轮齿的啮合次数比大链轮轮齿的啮合次数多，所受冲击也较严重，故小链轮应采用较好的材料制造。

三、链传动的传动比

链条的瞬时速度是变化的，因而链传动的瞬时传动比 i 也是变化的。所以链传动的传动比通常是指平均传动比，即：

$$i=\frac{n_1}{n_2}=\frac{z_2}{z_1}$$

式中，n_1、n_2 分别为主、从动链轮的转速；z_1、z_2 分别为主、从动链轮的齿数。

链轮齿数的多少对传动的平稳性和使用寿命有较大的影响。齿数过少会增大链条的振动和冲击，传动不平稳，还会增大链条的磨损；齿数过多，会增大传动尺寸，容易发生脱链现象。生产上更换链轮时，要选择适当的齿数。对于印刷机械上使用最多的套筒滚子链的链轮齿数，小链轮最小齿数为 $z_{min}\geqslant 17$，大链轮最大齿数为 $z\leqslant 120$。一般可按表 1-6 来选用。

表 1-6　小链轮齿数 z_1 的推荐值

传动比 i	1～2	2～3	3～4	4～5	5～6	>6
小链轮齿数 z_1	31～27	27～25	25～23	23～21	21～17	17

为了保证磨损均匀，链轮齿数应与链节数互为质数。由于链节数常为偶数，链轮齿数一般取奇数，并优先选用下列数 17、19、21、23、25、38、57、76、95、114。

由于对链轮的最小齿数 z_{min} 和最大齿数 z_{max} 有一定的限制，所以，在一般情况下链传动的传动比 $i\leqslant 7$。传动比过大，链条在小链轮上的包角减小，即啮合的齿数减小，这将加速链条和轮齿的磨损。

四、链传动的失效形式

链传动使用一段时间后，就会发现链条伸长和松动了，噪声也随之增大，工作也不够稳定，这是由于链传动磨损，使链传动失去正常工作的效能，称为“失效”。链传动主要由链条和链轮组成，在机器设计加工时，链轮的强度比链条高，所以，链传动的失效主要受链条的影响，其失效形式主要有以下几种。

1. 链条铰链的磨损

链条在传动过程中，由于铰链的接触面上承受较大的压力，产生相对转动，因此，造成了销轴和套筒间的表面磨损。磨损后链条的节距变长，此时如果链轮的节距不变，则链轮上的链条势必沿着轮齿齿廓往外移动，当磨损达到一定程度时，就会产生跳齿或脱落现象。此时，滚子链的内链节的节距几乎不受磨损的影响而保持不变，外链节的节距却变大，加剧了磨损后的传动不平稳性。这种磨损在印刷机上主要体现在收纸链条上。

2. 链条的疲劳破坏

链传动与带传动相类似，由于在工作时紧边受到的拉力比松边大，链条不断地由紧边到松边，再由松边到紧边，循环运动。因此，链条的各个零件是在这样一种变化的内力条件下工作的。在高速转动时，链片容易产生疲劳破坏。

3. 销轴和套筒间的胶合

链传动速度过高时，铰链内部销轴与套筒之间的润滑油被破坏，造成套筒和销轴金属表面直接接触，摩擦时产生瞬时高温，使两个摩擦表面的金属互相黏合，又因两者正作相对运动，因此将较弱的金属撕下，这种现象称为胶合。胶合在一定程度上限定了链条的速度，也能造成链传动迅速失去工作效能。机械传动一旦发生胶合现象，即使再增加润滑油量，一般都不能恢复开始时的工作效能。

4. 链条的拉断和冲击断裂

印刷机械中的输纸部分、收纸部分的纸堆，都是用链传动来承受载荷使纸堆作上升、下降运动的。这是一种低速重载传动，若传递的圆周力过大时，链条将被拉断。链条反复起动、制动、反转时，由于冲击载荷的作用，会使销轴等零件产生冲击而断裂。

5. 链轮的齿廓磨损

这是链轮的主要失效形式，长期运转后，链条的齿廓因磨损变尖，受力后轮齿变形而弯向一边，使链条不能正常啮合，工作效能降低，影响链条的寿命。

五、链传动的布置、张紧及润滑

1. 链传动的布置

链传动的布置一般在铅垂平面内，否则易使链条脱落和产生不正常的磨损。两链轮中心连线最好是水平的，或与水平面成45°以下的倾斜角，尽量避免垂直传动。以免与下方链轮啮合不良或脱离啮合。链传动的布置应考虑表1–7中提出的一些原则。

表1–7　链传动的布置

传动参数	正确布置	错误布置	说明
$i=2\sim3$ $\alpha=(30\sim50)p$ （i与α较佳场合）	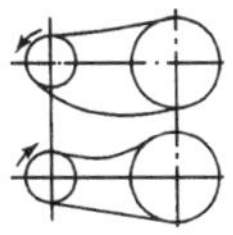		两轮轴线在同一水平面，紧边在上和在下都可以，但在上好些
$i>2$ $\alpha<30p$ （i大α小场合）	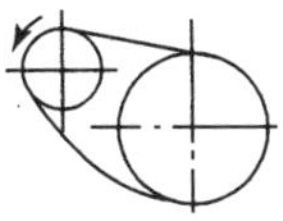	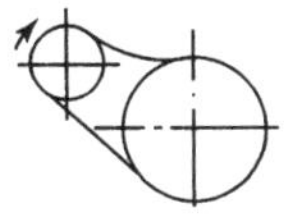	两轮轴线不在同一水平面，松边应在下面，否则松边下垂量增大后，链条易与链轮卡死
$i<1.5$ $\alpha>30p$ （i小α大场合）	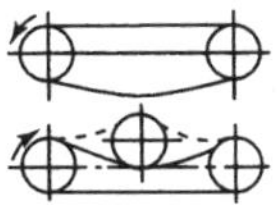	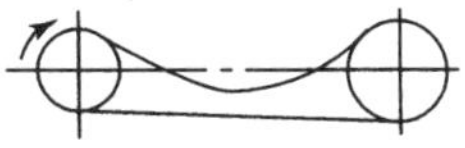	两链轮轴线在同一水平面，松边应在下面，否则下垂量增大后，松边会与紧边相碰，需经常调整中心距
i、α为任意值 （垂直传动场合）	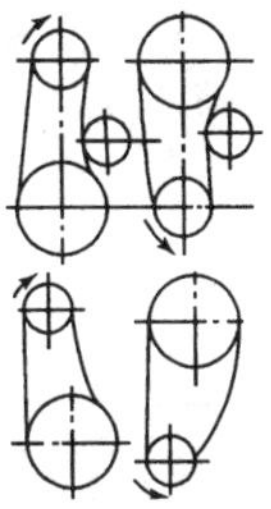	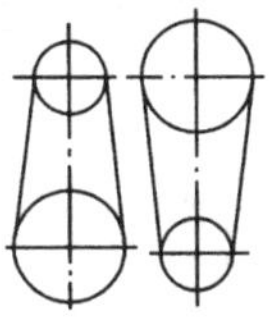	两轮轴线在同一铅垂面内，下垂量增大，会减小下链轮的有效啮合齿数，降低传动能力。为此应采用：（1）中心距可调；（2）设张紧装置；（3）上下两轮偏置，使两轮的轴线不在同一铅垂面内

2. **链传动的张紧**

链传动张紧的目的，主要是为了避免在链条的垂度过大时产生啮合不良和链条的振动现象，同时也是为了增加链条与链轮的啮合包角。当两轮轴心连线倾角大于60°时，通常设有张紧装置。

张紧的方法很多。当链传动的中心距可调整时，可通过调节中心距来控制张紧程度。当中心距不能调整时，可设置张紧轮，或在链条磨损变长后从中取掉一两个链节，以恢复原来的长度。

张紧轮一般是紧压在松边靠近小链轮处。张紧轮可以是链轮，也可以是无齿的滚轮。张紧轮的直径应与小链轮的直径相近。张紧轮有自动张紧[如图1-49(a)、(b)所示]及定期调整[如图1-49(c)、(d)所示]两种，前者多用弹簧、吊重等自动张紧装置，后者可用螺旋、偏心等调整装置，另外还可用压板和托板张紧。

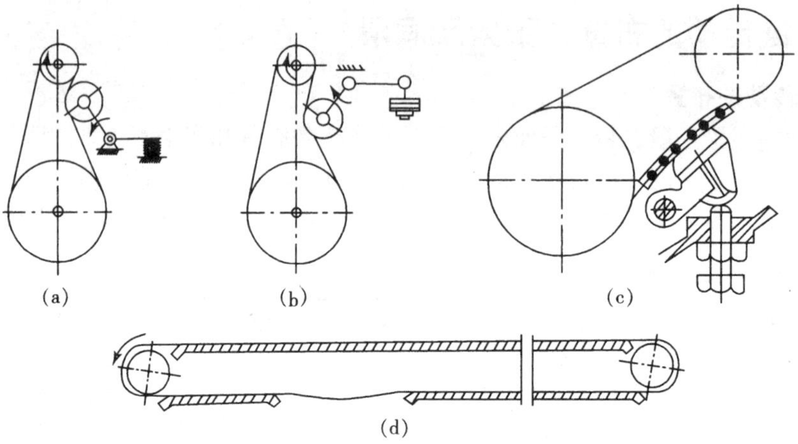

图1-49　链传动的张紧

3. **链传动的润滑**

链传动的润滑十分重要，对高速、重载的链传动更为重要。良好的润滑可缓和冲击，减轻磨损，延长链条使用寿命。链传动的润滑方法有人工润滑、滴油润滑、油池或飞溅润滑、压力喷油润滑。具体装置见图1-50所示。

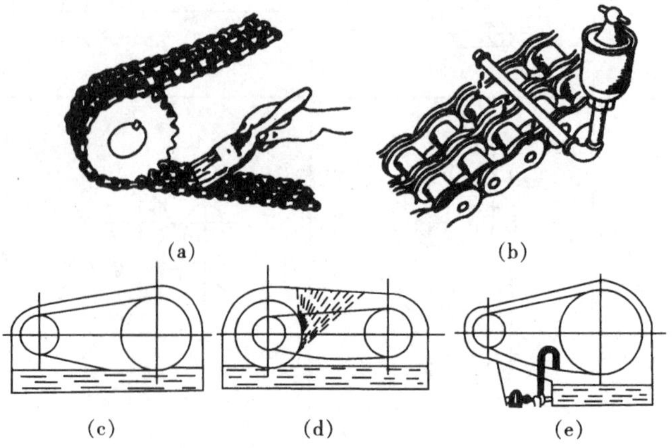

图1-50　链传动的润滑

润滑时，应设法将油注入链活动关节间的缝隙中，并均匀分布于链宽上。润滑油应加在松边上，因这时链节处于松弛状态，润滑油容易进入各摩擦面之间。

扩展知识

滚子链的标准

滚子链已标准化，我国目前使用的滚子链的标准为 GB/T1243—1997，分为 A、B 两个系列，常用的是 A 系列，其主要参数见表 1–8 所示。国际上链节均采用英制单位，我国标准中规定节距采用米制单位。

表 1–8　A 系列滚子链规格和主要参数

链号	节距 p /mm	排距 p_t /mm	滚子外径 d_i /mm	内链节内宽 b_1 /mm	销轴直径 d_2 /mm	内链节高度 h_2 /mm	极限拉伸载荷（单排）FQ /kN	每米质量（单排）/（kg/m）
08A	12.7	14.38	7.95	7.85	3.96	12.07	13.8	0.6
10A	15.875	18.11	10.16	9.4	5.08	15.09	21.8	1
12A	19.05	22.78	11.91	12.57	5.94	18.08	31.1	1.5
16A	25.4	29.29	15.88	15.75	7.92	24.13	55.6	2.6
20A	31.75	35.76	19.05	18.9	9.53	30.18	86.7	3.8
24A	38.8	45.44	22.23	25.22	11.1	36.2	124.6	5.6
28A	44.45	48.87	25.4	25.22	12.7	42.24	169	7.5
32A	50.8	58.55	28.58	31.55	14.27	48.26	222.4	10.1
40A	63.5	71.55	39.68	37.85	19.84	60.33	347	16.1
48A	76.2	87.83	47.63	47.35	23.8	72.39	500.4	22.6

滚子链的标记方法为：链号 – 排数 × 链节号标准代号。

例如 A 系列 12 号滚子链，节距为 19.05mm，双排，链节数为 100，其标记方法为：

12A – 2 × 100　　GB/T1243—1997

实践部分　链传动的张紧及润滑

一、实验目的

1. 了解链传动结构及运动特性；
2. 掌握链条的失效形式；
3. 掌握链条的张紧及润滑。

二、实验具体要求

1. 指导教师把学生带到一个至少已用半年的印刷机收纸链条处，学生应做好以下几点：

（1）仔细观察此台印刷机收纸链条的收纸情况；

（2）细听收纸链条收纸过程中是否有异常噪声；

（3）拉动收纸链条，感受其松紧度并与同类型印刷机收纸链条松紧度相比较。

2. 对收纸链条进行张紧，再观察其收纸情况。

3. 对印刷机各链条进行润滑。

4. 总结上述实验结论，并联系本节知识点，完成本节前面所引入的任务。

三、注意实项

1. 在比较链条松紧度时，要找同类型的印刷机进行比较。

2. 张紧链条时，要合理控制松紧度。

3. 在对链条进行润滑之前，要把链条上的纸粉、纸毛、灰尘打扫干净。

习　题

一、选择题

1. 大链轮的齿数不能取得过多的原因是________。

A. 齿数越多，链条的磨损就越大

B. 齿数越多，链传动的动载荷和冲击就越大

C. 齿数越多，链传动的噪声就越大

D. 齿数越多，链条磨损后就越容易产生脱落现象

2. 链条的节数宜采用________。

A. 奇数　　B. 偶数　　C. 5 的倍数　　D. 10 的倍数

二、填空题

1. 链传动一般应布置在________平面内，尽可能避免布置在________平面或________平面内。

2. 链传动算出的实际中心距,在安装时还需要缩短 2 ~ 5mm,这是为了________。

3. 对于高速重载的滚子链传动，应选用节距________的________排链；对于低速重载的滚子链传动，应选用节距________的链传动。

三、简答题

1. 链传动为什么会产生脱链现象?

2. 水平或接近水平布置的链传动，为什么其紧边应设计在上边?

3. 链传动的工作原理是什么?

4. 链条为什么要张紧，张紧有哪些方式?

第五节　蜗杆传动

【任务】橡皮布的夹紧机构采用的是蜗杆机构。拆装一块橡皮布，在拆装过程中分析其夹紧机构的原理及特性。

【分析】橡皮布在印刷过程中必须保持其应有的紧度，不可在工作中有任何脱落现象，否则会造成严重的机械故障，所以橡皮布的夹紧机构应具有一定的自锁性。

一、概述

（一）蜗杆传动原理

蜗杆传动由蜗杆、蜗轮和机架（如图 1–51 所示）组成，常用于传递空间交错的两轴之间的运动和动力，通常两轴交错角为 90°。印刷机用到蜗杆传动比较多的地方是飞达动力的传递和橡皮布夹紧机构当中，如图 1–51 所示。

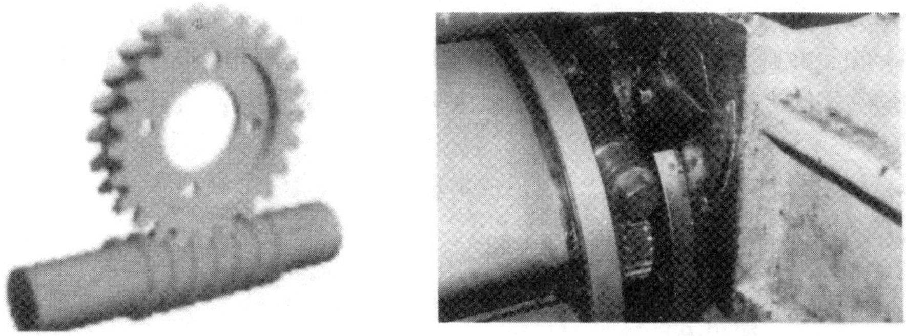

图 1–51 蜗杆传动

蜗杆形状类似螺杆，通常是主动件。蜗轮是具有圆弧齿冠的斜齿轮，通常作从动件。一对相互啮合的蜗杆传动，蜗杆、蜗轮的旋向相同，螺旋角之和为 90°。

目前应用最广的蜗杆是阿基米德蜗杆，其形状如图 1–52 所示。端面齿廓为阿基米德螺旋线，轴向齿廓为直线，法向齿廓为凸廓曲线。

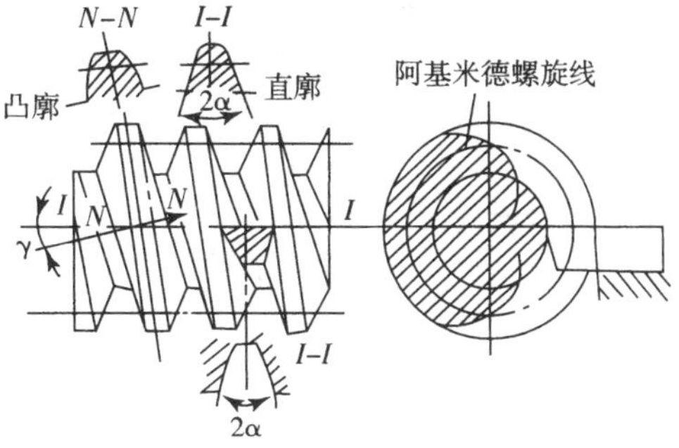

图 1–52 阿基米德蜗杆

（二）蜗杆传动的传动比

蜗杆的传动比 i 等于蜗杆与蜗轮的转速之比。当蜗杆转一周时，蜗轮转过 z_1 个齿，即转过 z_1/z_2 周，所以可得出下式：

$$i=\frac{n_1}{n_2}=\frac{1}{z_1/z_2}=\frac{z_2}{z_1}$$

式中，n_1、n_2 分别为蜗杆、蜗轮的转速，r/min；z_1、z_2 为蜗杆、蜗轮齿数。

蜗杆头数为蜗杆螺旋线的数目，蜗杆的头数一般取 1、2、4。当传动比大于 40 或要求蜗杆自锁时，取 $z_1=1$；当传递功率较大时，为提高传动效率、减小能量损失，常取 z_1 为 2、4。蜗杆头数越多，加工的精度越难保证。

通常情况下取蜗轮齿数 $z_2=28\sim80$，若 $z_2<28$，会使传动的平稳性降低，且易产生根切；若 z_2 过大，蜗轮直径增大，与之相应蜗杆的长度增加，刚度减小，从而影响啮合的精度。

值得提出的是蜗杆传动的传动比 i 仅与 z_1 和 z_2 有关，而不是等于蜗轮与蜗杆分度圆直径之比，即 $i=z_2/z_1\neq d_1/d_2$。

（三）蜗杆传动的特点

（1）由于蜗杆的齿数很少，所以蜗杆传动的最大特点就是结构紧凑，传动比大，通常传动比 $i=10\sim80$，在分度机构中传动比可达 1000。

（2）因为蜗杆上的齿是连续的螺旋齿，啮合时是渐入渐出，同时啮合的齿数较多，所以传动平稳，噪声低。

（3）当蜗杆的螺旋升角较小时，可以实现反向自锁，即只有蜗杆能驱动蜗轮，蜗轮却不能驱动蜗杆。

（4）由于相啮合的齿面间相对滑动速度较大，因此蜗杆传动的摩擦较大，发热量大，传动效率低，蜗杆传动通常用于传动功率小于50kW的场合，且不适用于长时间连续的工作。

（5）蜗轮齿圈常用青铜制造，所以成本较高。

二、蜗杆传动的结构、材料

（一）蜗杆、蜗轮的结构

1. 蜗杆的结构

蜗杆的直径通常较小，常和轴制成一个整体，又称为蜗杆轴。螺旋部分常用车销加工，也可用铣销加工。一般车制蜗杆[如图1–53(a)所示]刚性较差，而铣制蜗杆[如图1–53(b)所示]的刚性较好。

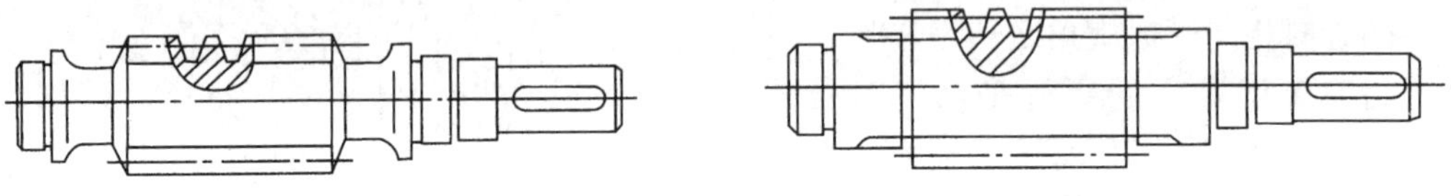

(a)车制蜗杆　　(b)铣制蜗杆

图1–53　蜗杆结构

2. 蜗轮结构

按材料与尺寸的不同，蜗轮的结构可分为整体式和组合式两类。

整体式蜗轮[如图1–54(a)所示]主要用于铸铁蜗轮或小直径的青铜蜗轮。

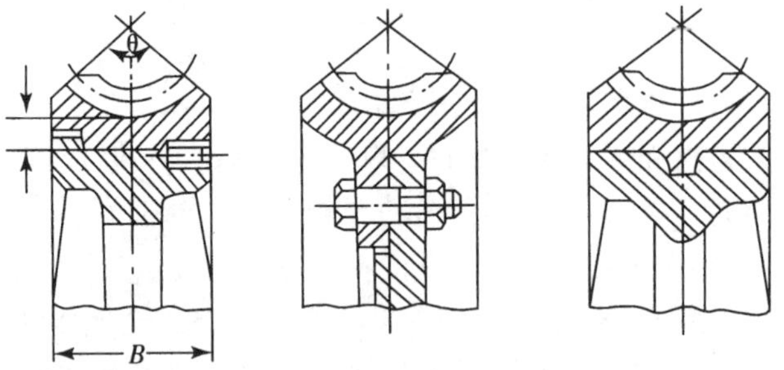

(a)　(b)　(c)　(d)

图1–54　常见蜗轮结构形式

组合式蜗轮是为了节省贵重金属。对于直径较大的蜗轮常用青铜齿圈、铸铁或铸钢轮芯的组合结构。组合方式有以下几种。

（1）齿圈式蜗轮[如图1–54(b)所示]：用过盈配合将齿圈装在铸铁轮芯上，为了增强配合的可靠性，常沿结合缝拧上螺钉，螺钉孔中心要偏向铸铁2～3mm。

（2）螺栓联接式蜗轮[如图1–54(c)所示]：齿圈和轮芯用普通螺栓或绞制孔螺栓联接。拆装比较方便，多用于尺寸较大或易磨损的场合。

（3）镶铸式蜗轮[如图1–54(d)所示]：将青铜齿圈直接浇铸在铸铁轮芯上，用于成批制造蜗轮。

（二）蜗杆传动的材料

在蜗杆传动中，对蜗杆、蜗轮材料不仅要有足够强度，还应有良好的减摩性、耐磨性和抗胶合能力。实践表明，较理想的材料组合是淬硬磨削的钢制蜗杆匹配青铜蜗轮。

1．蜗杆材料

对高速、重载的传动，蜗杆材料常用渗碳钢（如 20Cr、20CrMn、20CrMnTi 等）；对中速、中载的传动，蜗杆材料可用优质碳素钢（如45）或调质钢（如 40Cr、35SiMo 等）；低速、不重要的传动，可用45 钢经调质处理。

2．蜗轮材料

常用的蜗轮材料为铸锡青铜、铸铝青铜及灰铸铁等。铸锡青铜的抗胶合、减摩和耐磨性能最好，但价格较高，用于 $v_s \geq 3m/s$ 的重要传动；铸铝青铜具有足够的强度、耐冲击且价格便宜，但抗胶合及耐磨性能不如铸锡青铜，一般用于 $v_s \leq 6m/s$ 的传动；灰铸铁用于 $v_s \leq 2m/s$ 的不重要场合。

三、蜗杆传动失效形式

蜗杆传动轮齿的失效形式和齿轮传动轮齿的失效形式基本相同，有胶合、磨损、疲劳点蚀和轮齿折断等。但蜗杆传动轮齿的胶合与磨损要比齿轮传动严重得多，这是由于蜗杆传动轮齿齿面间滑动速度较大、温度升高、效率低。但润滑及散热不良时，闭式传动极易出现胶合。开式传动及润滑油不清洁的闭式传动，轮齿磨损速度很快。所以轮齿表面产生胶合、磨损、疲劳点蚀是蜗杆传动的主要失效形式。

四、蜗杆传动的润滑

蜗杆传动啮合面间的相对滑动速度较大，其摩擦、磨损、发热量均较齿轮传动严重许多，若润滑不良，蜗杆传动的效率将显著降低，并导致剧烈的磨损和胶合，因此合理的润滑对蜗杆传动显得尤为重要。

蜗杆传动润滑时，通常采用黏度较大的润滑油。润滑方式的选择也应注意。蜗杆传动应选择润滑效果好、散热作用突出的润滑方式，常用的润滑方式是浸油润滑和压力喷油润滑。

对闭式蜗杆传动采用浸油润滑时，在搅油损失不致过大的情况下，应使油池保持适当的油量，以利于蜗杆传动的散热。一般当蜗杆圆周速度小于 4～5m/s 时，为避免搅油损失过大，采用上置式蜗杆传动，此时浸油深度约为蜗轮半径的 1/3。

对于开式传动，则采用黏度较高的齿轮油或润滑脂进行人工定期润滑。

扩展知识

蜗轮旋转方向的判断

蜗轮旋转方向，按照蜗杆的螺旋线旋向和旋转方向，应用左手、右手定则判断。如图 1-55(a)所示，当蜗杆为右旋时，顺时针方向旋转（沿轴线向左看）时，则用右手，四个拇指顺着蜗杆转向握起来，大拇指沿蜗杆轴线所指的相反方向即蜗轮上节点速度方向，因此，蜗轮逆时针方向旋转。

当蜗杆为左旋时，则用左手按相同方法判断蜗轮转向，如图 1–55(b)所示。

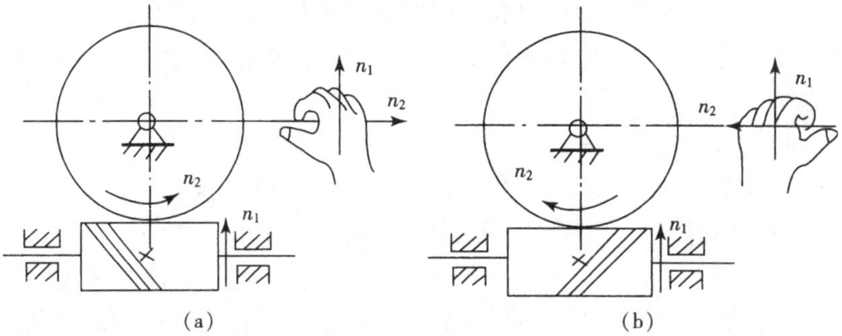

图 1–55　蜗轮旋转方向的确定

实践部分　橡皮布的拆装

一、实验目的

1. 了解蜗杆传动的结构及工作特性；

2. 掌握用蜗杆机构来锁紧橡皮布。

二、实验具体要求

指导教师让学生分别拆装一块橡皮布，要求学生在拆装过程中仔细观察蜗杆传动的特性，并分析蜗杆传动为什么能把橡皮布锁紧。

三、注意事项

拆装时橡皮布一定要装到位，并充分夹紧，否则就有可能压坏印刷滚筒。

习　题

一、选择题

1. 与齿轮传动相比较，__________不能作为蜗杆传动的优点。

   A. 传动平稳、噪声小　B. 传动效率高　C. 可产生自锁　D. 传动比高

2. 蜗杆传动中较为理想的材料组合是__________。

   A. 钢和铸铁　B. 钢和青铜　C. 铜和铝合金　D. 钢和钢

3. 用__________计算蜗杆传动比是错误的。

   A. $i=w_1/w_2$　B. $i=z_1/z_2$　C. $i=n_1/n_2$　D. $i=d_1/d_2$

二、填空题

1. 蜗杆传动是由________和________组成的，主动件一般是________，从动件是________。

2. 在蜗杆传动中，蜗轮螺旋线的方向与蜗杆螺旋线的旋向应该____________。

3. 为了提高蜗杆传动的效率，应选用______头蜗杆。

三、简答题

蜗杆传动中为何常用蜗杆为主动件？蜗轮能否作主动件？为什么？

第六节　轮系

【任务】印刷机电动机的速度是很快的，由于受印刷机其他部件性能的限制，印刷机的印刷速度不可能与电动机的速度相同，那么印刷机的实际印刷速度怎么确定呢？

【分析】印刷机的主传动是靠各组齿轮的相互啮合来完成动力传递的，通过齿轮的设置可以实现转速的改变。

一、概述

印刷机收纸滚筒上的齿轮与其他部件上的齿轮相互啮合最终把主动轴上的一种转速变换为从动轴上的多种转速或获得较大的传动比。这种由一系列齿轮相互啮合所组成的传动系统称为轮系，一对齿轮的啮合传动就是最简单的轮系。

（一）轮系的类型

根据轮系运动时各齿轮的轴线在空间的相对位置是否都固定，轮系可分为定轴轮系和周转轮系。

1. 定轴轮系

轮系运动时，各齿轮的轴线位置均固定的轮系称为定轴轮系，如图 1–56 所示。

2. 周转轮系

轮系运转时，至少有一个齿轮的轴线位置不固定的轮系称为周转轮系，如图 1–57 所示。周转轮系一般由行星轮、行星架和太阳轮三种基本构件组成。周转轮系根据其自由度的数目，可分为差动轮系和行星轮系。

图 1–56　定轴轮系

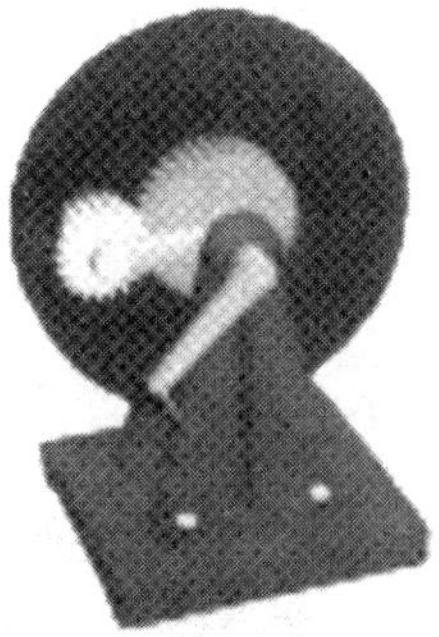

图 1–57　周转轮系

另外，如果组成轮系的各齿轮轴线相互平行，则称之为平面轮系，否则称为空间轮系。

（二）轮系的作用

1. 可作较远距离的传动

当两轴中心距较大时，如用一对齿轮传动，则两轮的尺寸必然很大，如图 1–58 所示用 4 个小齿轮代替一对大齿轮实现啮合传动，既节省空间，又方便制造、安装。

2．**可获得很大的传动比**

仅用一对齿轮传动，受结构的限制，传动比不能过大。当两轴间需要很大的传动比时，应采用轮系传动，特别是采用周转轮系，能在结构紧凑的情况下得到很大的传动比。

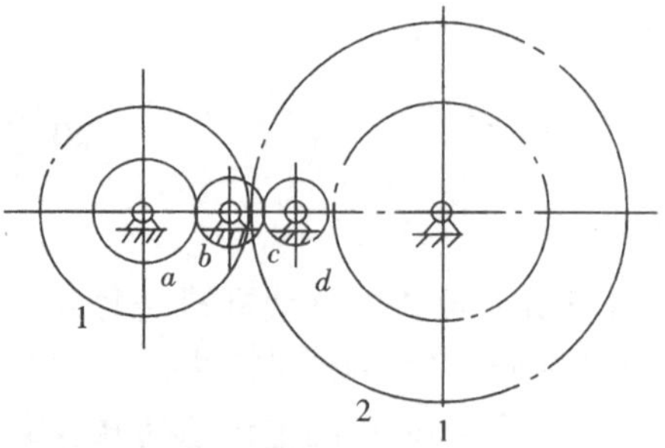

图 1-58　轮系的功用——远距离传动

3．**可实现变速传动**

可在轮系中采用滑移齿轮等变速机构，改变传动比，可实现多级变速要求。

4．**可实现换向传动**

在轮系中采用惰轮、三星轮等机构可以在主动轴转向不变的情况下，改变从动轴的转向。

5．**可实现分路传动**

利用轮系可使一个主动轴带动若干从动轴同时转动，将运动从不同的传动路线传递给执行机构，实现机构的分路传动，如图 1-59所示。

图 1-59　分路传动

6．**实现运动的合成或分解**

采用差动轮系可以将两个独立的回转运动合成为一个回转运动，也可以将一个回转运动分解为两个独立的回转运动。

二、定轴轮系传动比的计算

由于印刷机传动装置中很少采用周转轮系，对于周转轮系的传动比计算我们在此就不再另加介绍，而主要以定轴轮系为主。

前面我们已经讨论过一对齿轮的传动比计算公式：$i_{12}=\frac{n_1}{n_2}=\frac{z_1}{z_2}$，而我们知道转速是有方向的，所以根据此式计算得到的仅仅是传动比的大小，即传动比的绝对值：$|i_{12}|=\left|\frac{n_1}{n_2}\right|=\frac{z_1}{z_2}$。计算轮系的传动比时，不仅要计算其大小，还要确定首轮与末轮之间的转向关系。对于平面定轴轮系，其转向关系可用以下两种方法来确定。

1．**计算法（在传动比的计算结果前加正号或负号，表示齿轮转向相同或相反）**

外啮合时，从动轮与主动轮转向相反，传动比取负号；内啮合时，从动轮与主动轮转向相同，传动比取正号。

下面以图 1-60 所示的定轴轮系为例来讨论怎样确定一个轮系的传动比。

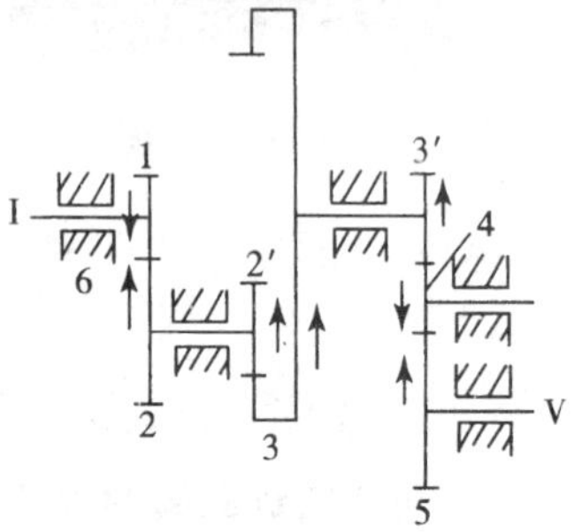

图 1-60　定轴轮系

如图 1-60 所示的轮系中，I 为第一主动轴，V 为最末从动轴。从图中可以看出齿轮啮合顺序为：

$$1—2\equiv 2'—3\equiv 3'—4\equiv 4—5$$

其中轮 1、2′、3′、4 为主动轮，2、3、4、5 为从动轮；以“—”所联两轮表示啮合，以“≡”所联两轮表示固联为一体。

设 z_1、z_2、z'_2、z_3、z'_3、z_4、z_5为各齿轮的齿数；n_1、n_2、$n_{2'}$、n_3、$n_{3'}$、n_4、n_5 为各齿轮的转速。该轮系的传动比可由各齿轮的传动比求得

$$i_{12}=\frac{n_1}{n_2}=-\frac{z_2}{z_1},\ i_{2'3}=\frac{n_{2'}}{n_3}=+\frac{z_3}{z_{2'}}\text{（正号可以省去）}$$

$$i_{3'4}=\frac{n_{3'}}{n_4}=\frac{z_4}{z_3},\ i_{45}=\frac{n_4}{n_5}=-\frac{z_5}{z_4}$$

式中，$n_2=n_{2'}$、$n_3=n'_3$。将以上各式两边连乘可得：

$$i_{12}i_{2'3}i_{3'4}i_{45}=\frac{n_1n_{2'}n_{3'}n_4}{n_2n_3n_4n_5}=\frac{n_1}{n_5}$$

所以 $$i_{15}=\frac{n_1}{n_5}=\left(-\frac{z_2}{z_1}\right)\left(+\frac{z_3}{z_{2'}}\right)\left(-\frac{z_4}{z_{3'}}\right)\left(\frac{z_5}{z_4}\right)=(-1)^3\frac{z_2z_3z_4z_5}{z_1z_2{}'z_3{}'z_4}$$

上式表明，平面定轴轮系的传动比等于组成轮系的各对齿轮传动比的连乘积，也等于从动轮齿数的连乘积与主动轮齿数的连乘积之比。首末两齿轮转向相同还是相反，取决于轮系中外啮合圆柱齿轮的对数。

由上可推导出平面定轴轮系的传动比计算式为：

$$i_{1K}=(-1)^m\frac{\text{各对啮合齿轮中从动轮齿数的连乘积}}{\text{各对啮合齿轮中主动轮齿数的连乘积}}$$

式中，1 为首轮；K 为末轮；m 为外啮合圆柱齿轮的对数。

首末两齿轮转向关系用计算法，即 $(-1)^m$ 来确定。为负号时，说明首末两轮转向相反；为正号时则转向相同。

在该轮系中齿轮 4 同时与齿轮 3 和末轮 5 啮合，其齿数可在上述计算式中消去，即齿轮 4 不影响轮系传动比的大小，只起到改变转向的作用，该齿轮称为惰轮。

2. 箭头法

(1) 传动轴相互平行。外啮合时：两箭头同时指向（或远离）啮合点，即头头相对或尾尾相对，如图 1-61(a)所示。内啮合时：两箭头同向，如图 1-61(b)所示。

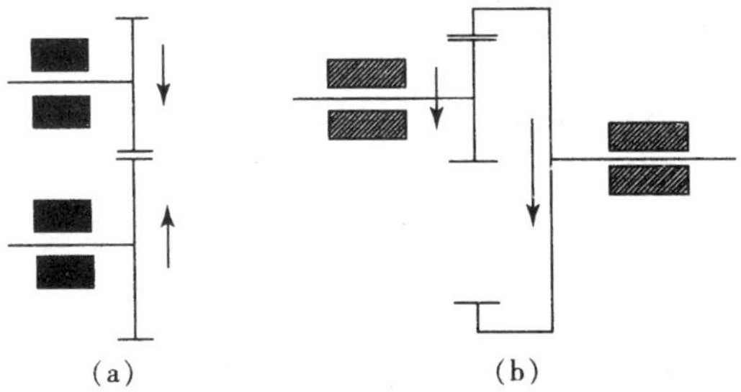

图 1-61

(2) 传动轴相交或交错。以锥齿轮为例，如下图 1-62 所示，两箭头同时指向（或远离）啮合点，即头头相对或尾尾相对。

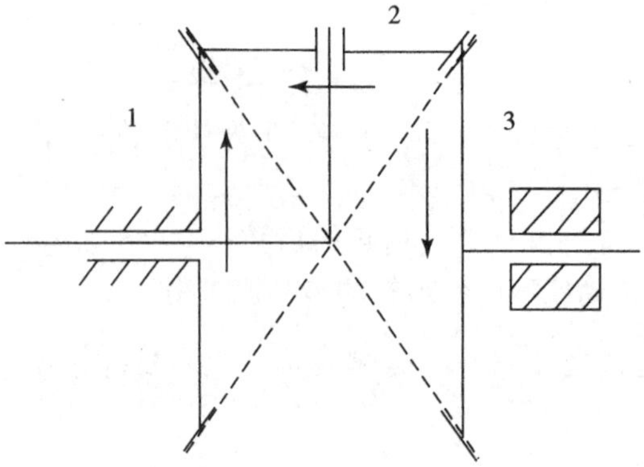

图 1-62

图 1-60 中的定轴轮系也可用箭头法来确定首末两轮的转向关系，箭头方向见图中标注。

实践部分　印刷机印刷速度的确定

一、实验目的

1．了解轮系的特点及在印刷机中的应用；

2．掌握轮系传动比的计算。

二、实验具体要求

1．指导教师给出一台印刷机的传动路线布局图，并给出其传动装置中各部件的相关参数，如电动机最高/最低转速、带轮的直径、齿轮的齿数等。

2．学生仔细分析传动路线图，联系本节和上述几节的知识点，计算轮系传动比，最后确定所给出的印刷机的最高速度和最低速度。

3．开动本台印刷机，以最高和最低速度进行运转，查看计算值与实际值是否相符。

三、注意事项

1．计算传动比时，要考虑到带的传动比。

2．要考虑相互啮合齿轮的转向。

习　题

一、填空

1．由一系列相互啮合的齿轮组成的传动系统叫__________。

2．轮系的结构形式，一般可分为__________轮系和__________轮系两大类。

3．加惰轮的轮系只能改变__________的旋转方向，不能改变轮系的__________。

二、问答

1．什么叫轮系？轮系有哪几种？

2．轮系在印刷机中有哪些应用？试在实习机台上找出类似的例子？

第二章 印刷机常用机构

本章学习目标：

1. 了解机械中的基本概念，能够区分机器与机构、零件与构件，理解运动副的含义；

2. 了解平面连杆机构的概念，理解各种平面连杆机构的运动特性，掌握铰链四杆机构的判断方法；

3. 了解凸轮机构的组成，理解凸轮机构的从动件的运动控制，掌握凸轮机构的分类；

4. 了解螺旋机构的组成，理解螺旋机构的运动特性，理解螺旋机构的应用；

5. 了解间歇运动机构的组成和分类，理解间歇运动机构在生产上的应用。

本章应学会的术语：

机器 机构 机械 运动副 高副 低副 平面连杆机构 铰链四杆机构 曲柄摇杆机构 双摇杆机构 双曲柄机构 凸轮机构 螺旋机构 间歇运动机构 棘轮机构 槽轮机构

常用机构的主要功用是变换运动形式。在印刷机械的输纸装置、印刷装置中，都利用一些常用的机构来实现各种运动形式，如棘轮机构、凸轮机构、平面连杆机构实现纸堆的上升、递纸、压纸等；采用螺旋机构来实现离合压、拉版等。

第一节 基本概念

【任务】如图 2–1 所示为 SZ206 型胶印机的压纸机构。它采用一些简单的符号绘制而成，这类图形即称为机构运动简图。利用机构运动简图可以帮助我们分析出机构由哪些构件（零件）、运动副组成，机构的运动情况如何等。下面我们就来学习机构运动简图及相关基本概念。

一、机器、机构、机械

（一）机器

机器的种类繁多，其构造、性能和用途各不相同，如电动机、机床、汽车、火车、机器人等。各种机器的机构形式和用途虽千差万别，但其具有共同的特征。

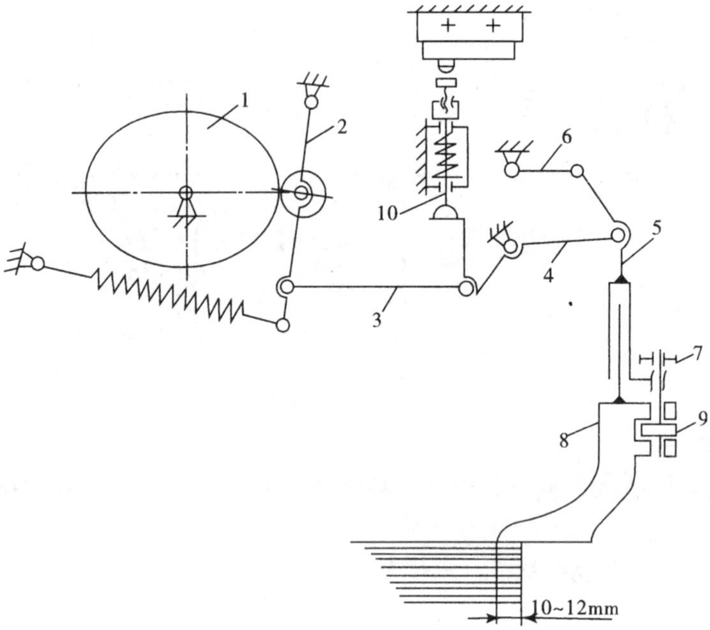

图 2-1　SZ206 型压纸机构

1—凸轮；2，4，6—摆杆；3，5—连杆；7—螺母；8—压纸吹嘴；10—直动杆

如图 2-2 所示为最常见单缸内燃机，其中活塞 1、连杆 2、曲柄 3、气缸体 4 组成了内燃机的主体部分。内燃机的工作过程为：气缸体内的气体燃烧膨胀，推动活塞下行，通过连杆使得曲轴转动并将动力输出。其中凸轮 7、进排气阀推杆 8 和机架组成进排气的控制部分。凸轮转动，推动气阀按时启闭，分别控制进气和排气。曲轴上的齿轮 5、凸轮轴上的齿轮 6 和机架组成传动部分。曲轴转动，通过齿轮将运动传给凸轮轴。

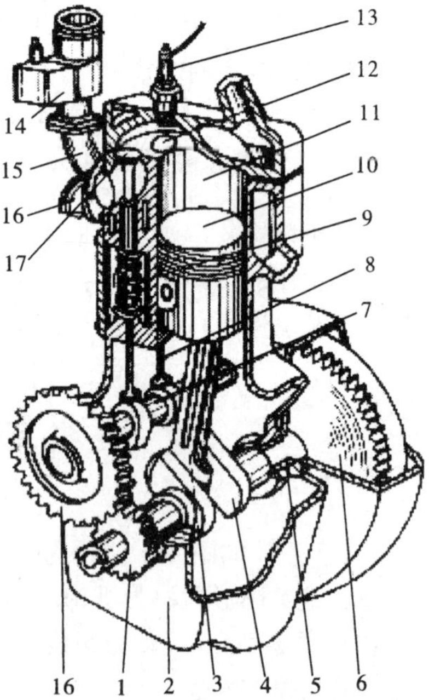

图 2-2　单缸内燃机

上述三个部分协调工作，将燃气的热能转换为曲轴传动的机械能。

由以上的实例可以说明：机器是执行机械运动的装置，用来变换或传递能量、物料与信息。

因此，机器具有三个共同的特征：

（1）它们都是人为的实物组合；

（2）它们各部分之间具有确定的相对运动；

（3）能代替人类的劳动，完成有用的机械功或转换机械能。

如图 2-3 所示为我们日常生活中常见的机器。

（a）电力机车

（b）印刷机

图 2–3　机器

一般机器的组成如下。

（1）原动部分：给机械系统提供动力，实现能量转换的部分。

一次能源动力机：水轮机、气轮机、内燃机等。

二次能源动力机：电动机、液压马达、气动马达等。

原动机的输出运动以转动和直线（油缸、气缸）为主。

（2）传动部分：连接原动机与工作执行机构的中间体。

主要功能：

①增速或减速；

②变速：将多种速度提供给工作机（有级或无级变速）；

③传递动力；

④改变运动的规律：将匀速转动转换为按某种规律变化的旋转、非旋转的其他运动；

⑤实现对多个机构的分路驱动。

（3）工作部分：处于机械系统的末段，直接面对作业的对象，利用机械能来改变对象的形状、位置、状态及其他性质或对对象进行检测、度量等，实现预期的要求。

（4）控制部分：在自动化机器中还有控制部分，使机械系统各部分协调动作。如：各类伺服机构、自动控制系统、计算机数字控制系统等。如图 2–4 所示的法国 ATN 凹版八色印刷机。

（a）印刷部分

（b）控制面板

图 2–4　法国 ATN 凹版八色印刷机

（二）机构

机器中若干构件的组合,可实现预定的运动。如在内燃机(图 2–2 所示)中,活塞、连杆、曲柄和缸体组合起来,可将活塞的往复移动转变成曲柄的转动。凸轮、进气阀推杆和机架的组合,可将凸轮的转动转变为进排气阀推杆的往复移动等。这些由若干构件用运动副连接起来的构件系统称为机构。机构的作用是传递力、运动或运动的形式。大多数机器是若干基本机构组成,如内燃机的主体部分是连杆机构,进排气控制部分是凸轮机构,传动部分是齿轮机构。如常见的机构主要有凸轮机构、连杆机构、螺旋机构等。

（三）机械

机器与机构统称为机械。

二、构件、零件

1. **构件**

组成机器和机构的人为实物即各个相对运动的部分成为构件。构件可以是单一的整体，如图 2–2 所示的齿轮、曲柄、连杆等都是构件。

机构中给予整个机构动力的构件称为主动件，随主动件的运动而运动的活动构件称为从动件，支撑活动构件的构件称为固定件（机架）。

2. **零件**

零件是构件的组成部分。机构运动时，同一构件中的零件相互间并没有相对运动。

零件可以分为通用零件和专用零件。通用零件是指各种机械中经常使用到的零件，如螺栓、螺母、齿轮和带轮、键等。专用零件是指在某种机械中才用到的零件，如内燃机的曲轴和起重机的吊钩等。

构件可以是一个零件，也可以是由一个以上的零件组成的。如图 2–2 所示内燃机中的连杆就是由单独加工的连杆体、连杆头、轴瓦、螺杆、螺母、轴套等零件组成的。这些零件分别加工制造，但是当它们装配成连杆后则作为一个整体运动，相互之间不产生相对运动。如图 2–5 所示为印刷机常用的构件。

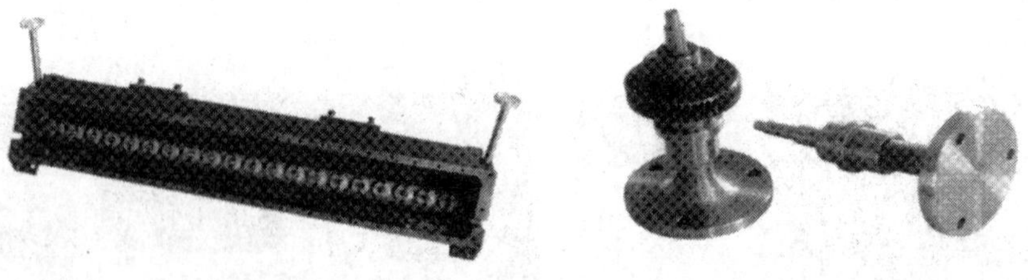

(a)墨斗组合件　　(b)连接轴

图 2–5　印刷机常用构件

三、运动副

在机构中，为了使各构件具有一定的相对运动，各构件之间必须要以某种方式连接起来。这种使构件直接接触并能产生一定相对运动的联接称为运动副。

按两构件的接触方式的不同，运动副分为：低副、高副。

（一）低副

两构件以面接触组成的运动副称为低副。根据两构件间的相对运动形式的不同，低副又可分为移动副和转动副。

1. 移动副

如图 2–2 所示的内燃机中，活塞与气缸体构成的联接，只许两构件相对直线运动，这种运动副称为移动副［如图2–6（a）所示］。

2. 转动副

图 2–2 所示的内燃机中，活塞与连杆、连杆与曲轴和曲轴与气缸体之间都是用轴与圆孔构成的联接，只许两个构件作相对的转动，这种运动副称为转动副或铰链［如图 2–6（b）所示］；

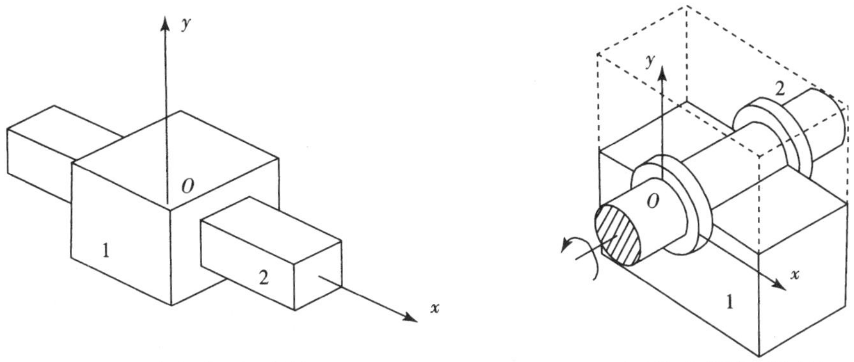

（a）移动副（平面接触）　（b）转动副（曲面接触）

图 2–6　低副

（二）高副

两构件以点或线接触组成的运动副称为高副。如图 2–7（a）所示为两齿轮用齿廓构成的联接称为齿轮副，如图 2–7（b）所示为凸轮与推杆之间的联接称为凸轮副。

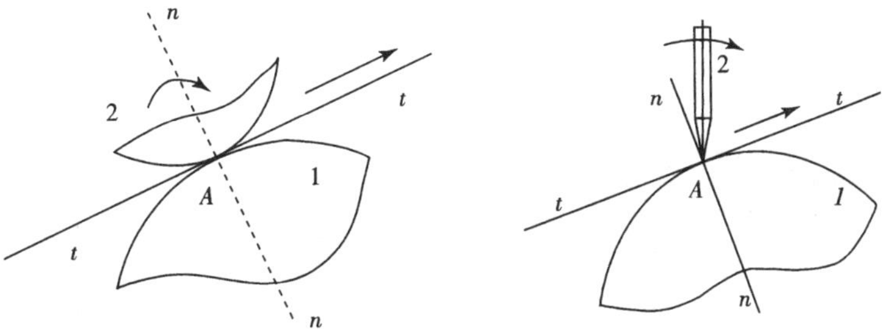

（a）齿轮副（线接触）　（b）凸轮副（点接触）

图 2–7　高副

四、印刷机机构运动简图的识读

（一）机构运动简图

用简单的线条和符号代表构件和运动副，并按比例定出各运动副位置，反映机构的组成结构和运动情况的简明图形称为机构运动简图。

（二）机构运动简图的功用

（1）它是机械设计的雏形。

（2）它反映机构的运动情况，与机构具有相同的运动特性，所以可根据此图进行机构的运动和受力分析。

（3）它也是记录现有机构及进行技术交流的必要手段。

（4）便于对机构进行分类，抓住机构运动的实质。

（三）常用运动副和构件的表示方法

1. **常用运动副的符号，如表 2–1 所示。**

表 2–1　运动副符号

运动副名称		运动副符号	
		两运动构件构成的运动副	两构件之一为固定时的运动副
平面运动副	转动副	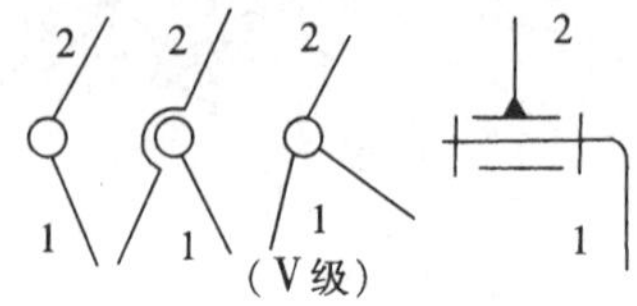 （Ⅴ级）	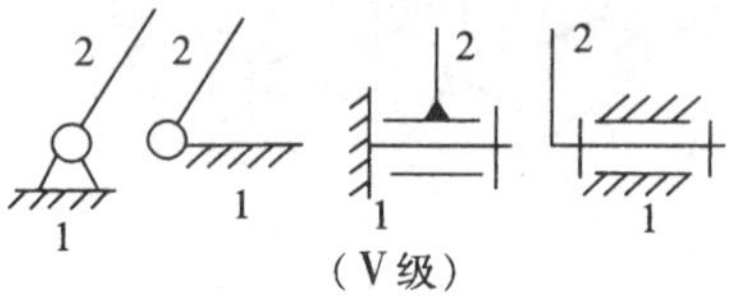 （Ⅴ级）
平面运动副	移动副	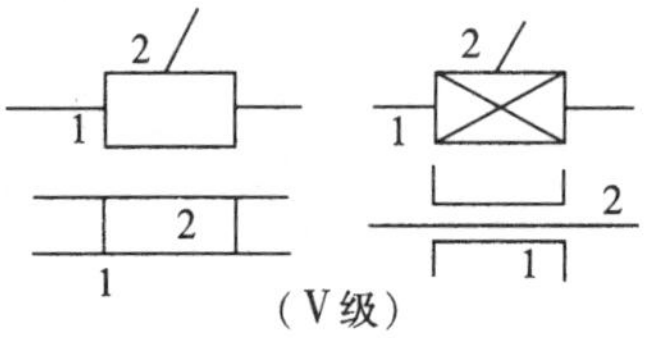 （Ⅴ级）	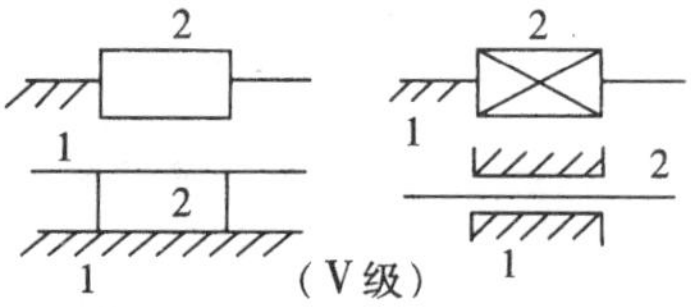 （Ⅴ级）
平面运动副	平面高副	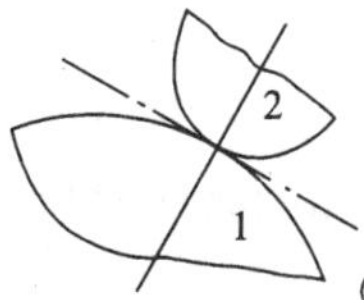 （Ⅳ级）	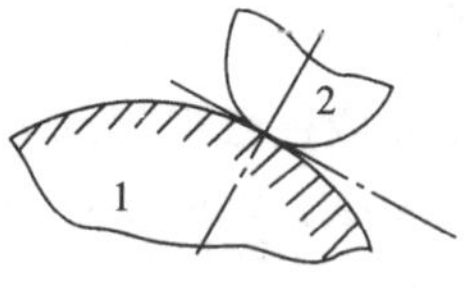 （Ⅳ级）

2. **一般构件的表示方法，如表 2–2 所示。**

表 2–2　构件表示法

杆、轴类构件	
固定构件	
同一构件	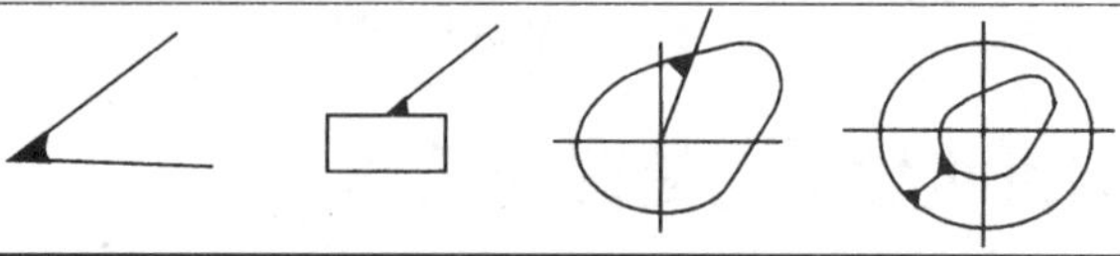

续表

两副构件	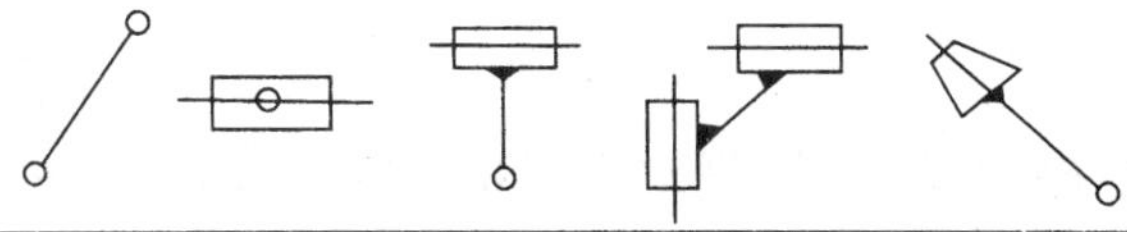
三副构件	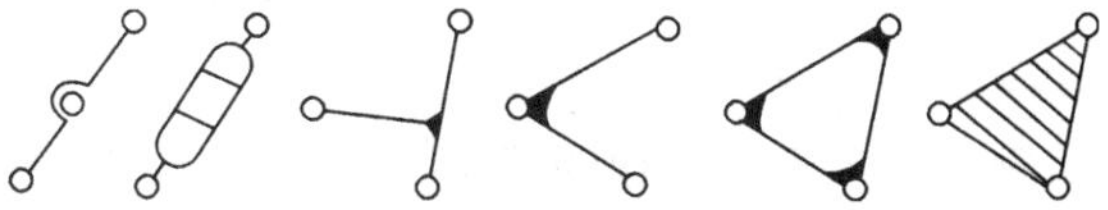

3. **常用的机构运动简图符号，如表 2–3 所示。**

表 2–3　机构运动简图

在支架上的电机	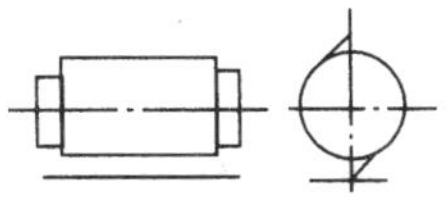	齿轮齿条传动	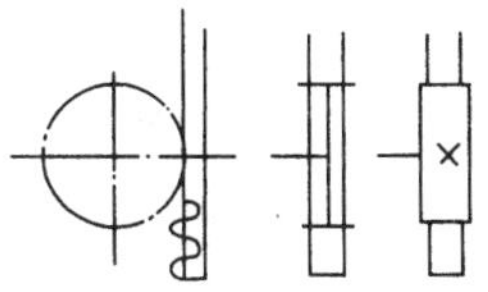
带传动	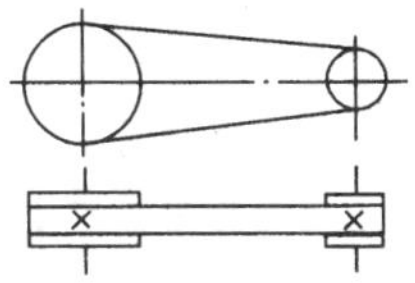	圆锥齿轮传动	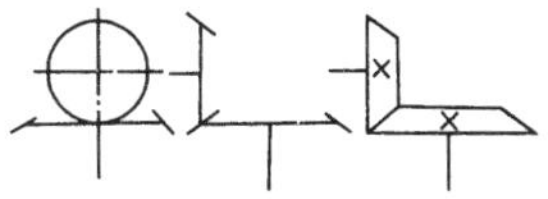
链传动	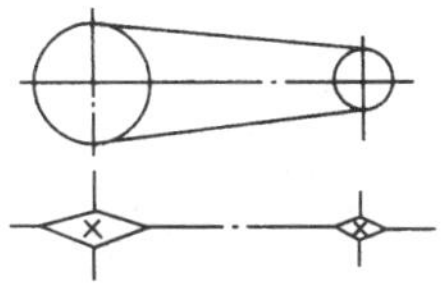	圆柱蜗杆传动	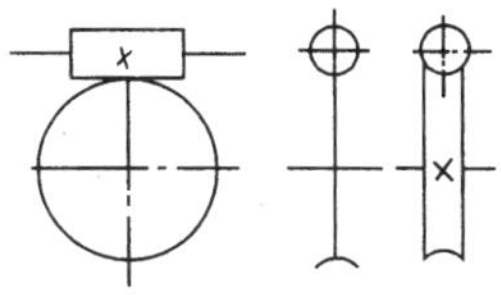
摩擦轮传动	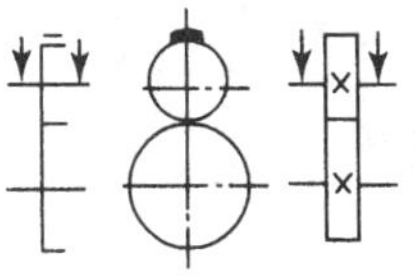	凸轮传动	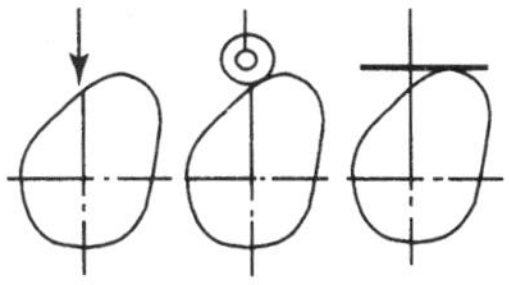
外啮合圆柱齿轮传动	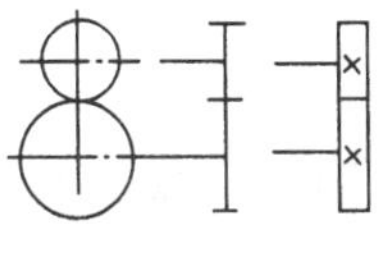	槽轮机构	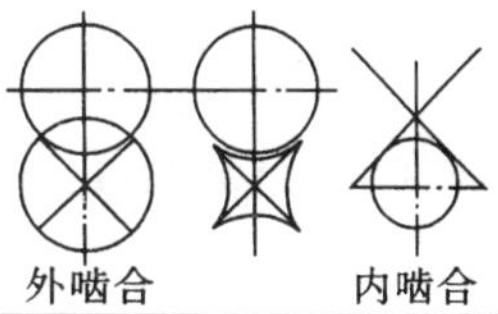
内啮合圆柱齿轮传动	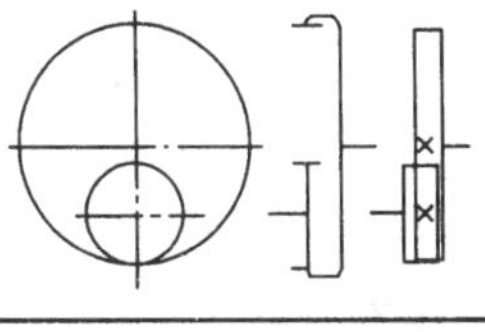	棘轮机构	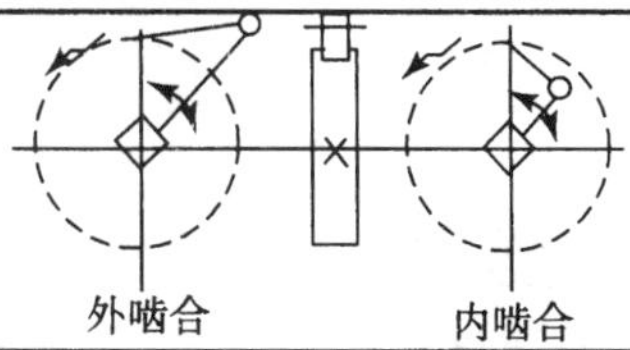

（四）识读机构运动简图的步骤

①确定机构中的机架、主动件、从动件。

②逐一分析每个构件，以确定运动副的类型和数目。

③确定每两个构件间相对运动，由原动件开始循着运动传递的路线，确定机构的运动。

注意事项：

（1）机构运动简图抛开机构实际的复杂外形，仅仅反映与运动有关的因素。（与运动无关的因素有：构件的实际外形、运动副的实际结构、构件的实际截面尺寸等。）

（2）对于转动副，重点找其转动中心。

（3）对于运动副，简图中将出现的“杆”和“块”，注意他们与实际机构的差别。

（4）对于同一构件上有多个运动副，注意其表达方法。（焊接符号的使用）

【例 2-1】根据如图 2-8 所示的平面连杆机构运动简图，确定该机构的运动。

解：（1）确定构件

由图 2-8 可见，平面连杆机构中，包括四个构件。其中构件 1 为主动件，构件 4 为机架。

（2）确定运动副的类型、数目

各构件之间组成的运动副如下：构件 1 与 2、构件 1 与 3、构件 4 与 2 之间为转动副，构件 3 与 4 之间为移动副。

（3）确定各构件间的运动关系

构件 1 与 2、1 与 3、2 与 4 之间相互转动，3 沿着 4 移动，4 为机架。此为手压抽水机机构。当来回压手柄 1 时，通过连杆 2 带动活塞杆 3 上下移动，水即被抽上来。图 2-9 为抽水机实物图。

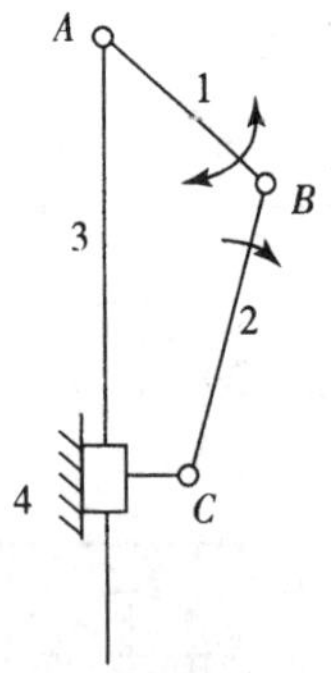

图 2-8　抽水机机构运动简图

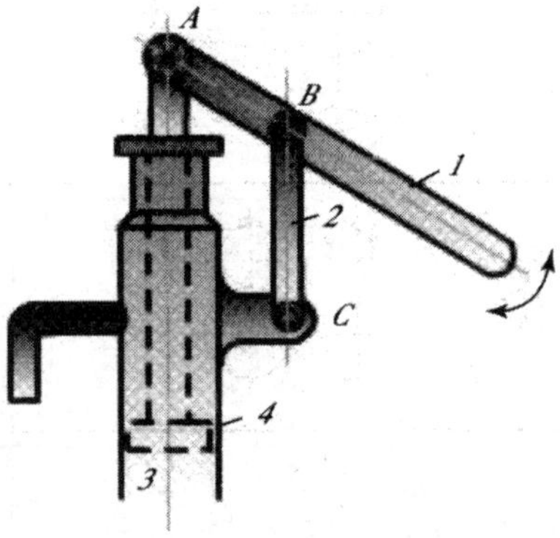

图 2-9　抽水机实物图

习　题

一、填空

1. 机器就是__________的组合，它的各部分之间具有__________，并能用来代替人们的劳动完成__________实现__________。

2. 机器一般由__________、__________和__________三部分组成。在自动化机器中还可以有第四部分，即__________。

3. 运动副就是使两构件__________而又能产生__________的连接，运动副按接触形式不同，可分为__________和__________两大类。

二、选择

1. 汽车的车轮是（ ）。

A. 原动部分　　B. 工作部分　　C. 传动部分　　D. 控制部分

2. 我们把各部分之间具有确定的相对运动构件的组合称为（ ）。

A. 机器　　B. 机械　　C. 机构　　D. 机床

三、综合练习

拆卸自行车，观察分析它是由几个构件组成？

第二节　平面连杆机构

【任务】图 2–1 所示的 SZ206 型压纸机构中包含了平面连杆机构、凸轮机构等，它们的运动特征有何不同？

平面连杆机构是由一些杆状构件用铰链或滑道等方式连接而成的。其特点是：各构件在同一平面或相互平行的平面运动。平面连杆机构中最常见的形式是由四个杆件组成，我们称其为平面四杆机构，它是平面多杆机构的基础，应用较多。

一、铰链四杆机构的组成及基本类型

如图 2–10 所示，由四个构件用转动铰链联接而成的机构，称为铰链四杆机构。图中 4 杆固定不动，称为机架，1、3 杆与机架用铰链联接称为连架杆，2 杆用铰链与二连架杆联接，称为连杆。

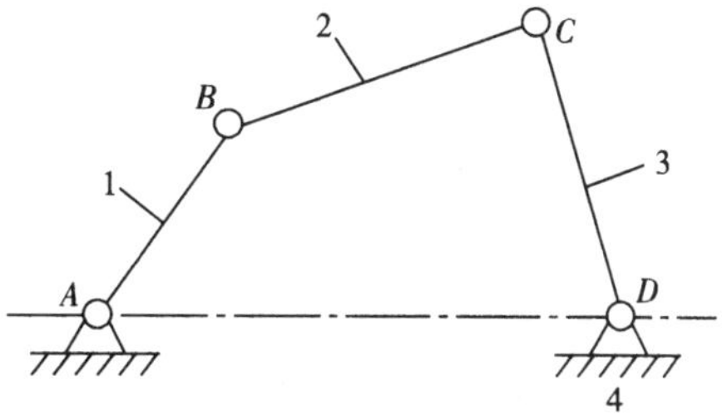

图 2–10　铰链四杆机构

1，3—连架杆；2—连杆；4—机架

能连接整周转动的连架杆称为曲柄；不能整周转动，只能往复摆动一定角度的连架杆称为摇杆。四杆机构按照连架杆是否有曲柄存在，分为三种形式，即曲柄摇杆机构、双曲柄机构和双摇杆机构。

（一）曲柄摇杆机构

在铰链四杆机构中的两连架杆，若一个杆为曲柄，另一杆为摇杆，就称为曲柄摇杆机构如图 2–11 所示，曲柄摇杆机构在生产中应用很广泛，如图 2–12 所示为雷达天线俯仰机构。

曲柄摇杆的主要运动特性如下：

1. 摇杆的极限位置和摆角

图 2–13 为一曲柄摇杆机构，曲柄 AB 作匀速转动，在转动一周过程中，曲柄 AB 与连杆 BC 处在同一直线上，如图中虚线 B_1AC_1 和 AB_2C_2 所示，在此位置上，铰链中心 A

与 C 之间的距离分别为最短和最长，C_1D 和 C_2D 为摇杆的两极限位置，其夹角称为摇杆的摆角。

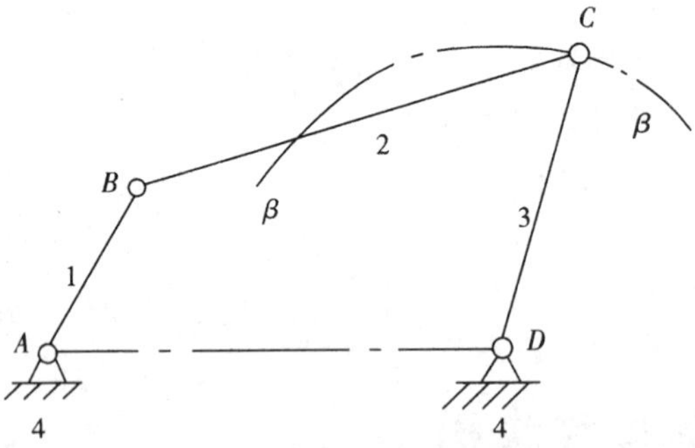

图 2–11　曲柄摇杆机构

1—曲柄；2—连杆；3—摇杆；4—机架

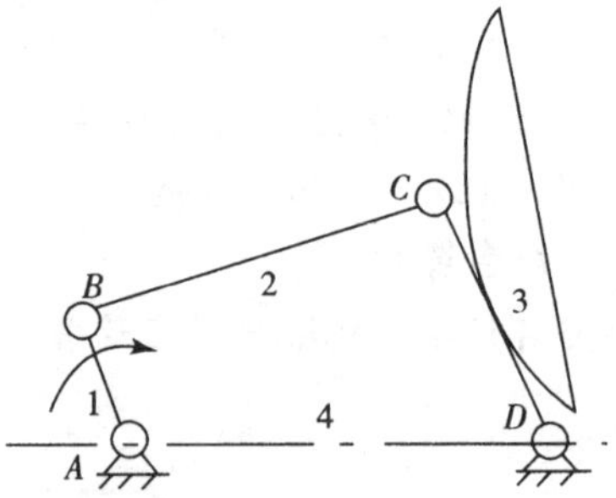

图 2–12　雷达天线俯仰机构

2. 摇杆的急回运动特性

在图 2–13 中，当曲柄 AB 为主动件并作等速运动时，摇杆 CD 作变速摆动。曲柄 AB 由位置 AB_1 顺时针转动到位置 AB_2 时转过角度为 $\varphi_1=180°+\theta$，此时摇杆 CD 由极限位置 C_1D 摆动到极限位置 C_2D，摆角 φ。若曲柄 AB 顺时针再转过角 $\varphi_2=180°-\theta$，摇杆 CD 由位置 C_2D 摆回至位置 C_1D，摆角仍为 φ。

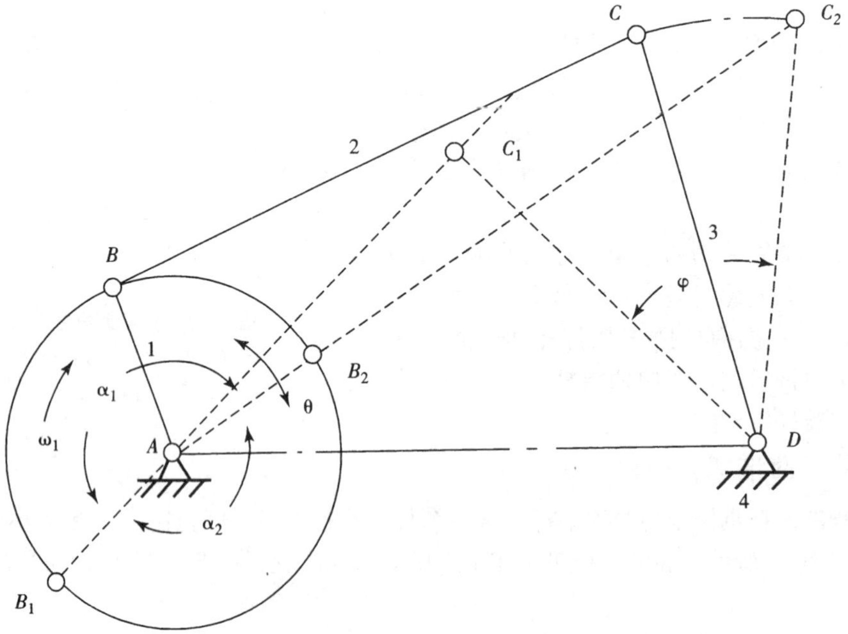

图 2–13　曲柄摇杆机构主要特性

1—曲柄；2—连杆；3—摇杆；4—机架

由此可知，曲柄 AB 在转动一周过程中，摇杆 CD 往复摆动的摆角均为 φ，但是，等速转动的曲柄 AB，在两次转动的角度并不相等，即

$$\varphi_1 > \varphi_2$$

若设曲柄 AB 作等速转动，与曲柄转角 φ_1 和 φ_2 相对的时间为 t_1 和 t_2，则 $t_1 > t_2$。此外，如果摇杆 CD 自 CD 位置摆至 CD 位置为工作行程，这时 C 点的平均速度应该是

$$V_1 = \frac{C_1C_2}{t_1}$$

如果摇杆自 C_2D 位置摆至 C_1D 位置为空回行程，这时 C 点的平均速度应该是

$$V_2 = \frac{C_2C_1}{t_2}$$

因为 $t_1 > t_2$，故 $V_1 < V_2$。

上式说明摇杆空回行程的平均速度大于工作行程的平均速度。摇杆这个性质称为急回运动特性。生产中常常利用摇杆的急回运动性质来缩短非生产时间，以提高生产效率。

3. **死点位置**

在图 2–13 的曲柄摇杆机构中，如果摇杆 CD 为主动件，曲柄 AB 为从动件，当摇杆摆动到极限位置 C_1D 和 C_2D 时，连杆 BC 和曲柄 AB 在一条直线上，若不记各杆质量，则通过连杆传给曲柄的力将通过铰链中心 A，此力对 A 点不产生力矩作用，不能使曲柄 AB 转动，这种位置就称为死点位置。

机构处在死点位置时，从动轮会产生卡死或运动不确定的现象。为使机构顺利通过死点位置，消除死点位置的不良影响，通常曲柄轴上安装飞轮，利用飞轮的惯性作用通过死点位置如图 2–14 所示。同时还可以采用对从动件曲柄施加外力或多组机构交错排列的方法来渡过死点如图 2–15 所示。

图 2–14　缝纫机脚踏板机构

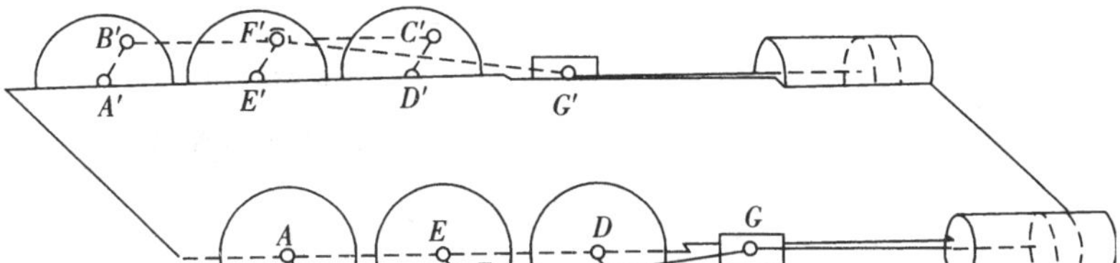

图 2–15　机车车轮联动机构

对传动来说，机构存在死点是一个缺陷，但在某些场合下，也可以利用死点位置来实现一些特定的功能。如图 2–16 所示为平版印刷机中控制递纸牙排叼纸的自锁机构。当纸张传递发生故障时，由电磁铁控制的杆 AB 作逆时针转动，通过连杆 BC 使凸块 5 与滚子 6 接触，再经过其他机构使纸张停止传送。图 2–16(b) 为非工作位置，此时杆 CB 和杆 AB 处在同一条直线上，机构处于死点位置。由杆 CB 传递的力通过 A 点，AB

杆不转动，机构产生自锁。图 2–16(a)为机构的工作位置。当纸张恢复正常传送时，电磁吸铁动作，杆 *AB* 顺时针转动，机构回复到图 2–16(a)所示位置。

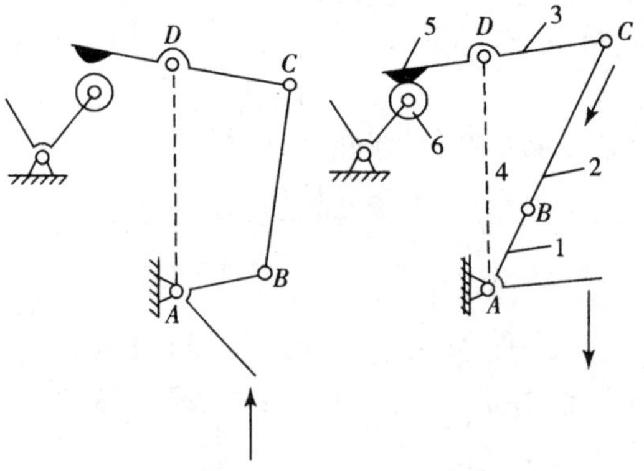

（a）工作位置　　　　（b）非工作位置

图 2–16　死点位置的应用——递纸牙排叼纸的自锁机构

1，2，3—杆；4—机架；5—凸块；6—滚子

（二）双曲柄机构

在铰链四杆机构中，若两个连架杆均为曲柄时，称为双曲柄机构。如图 2–17 所示为双曲柄机构。如图 2–17 所示的双曲柄机构中，*AB*、*CD* 分别为主动曲柄和从动曲柄，*BC* 为连杆，*AD* 为机架。

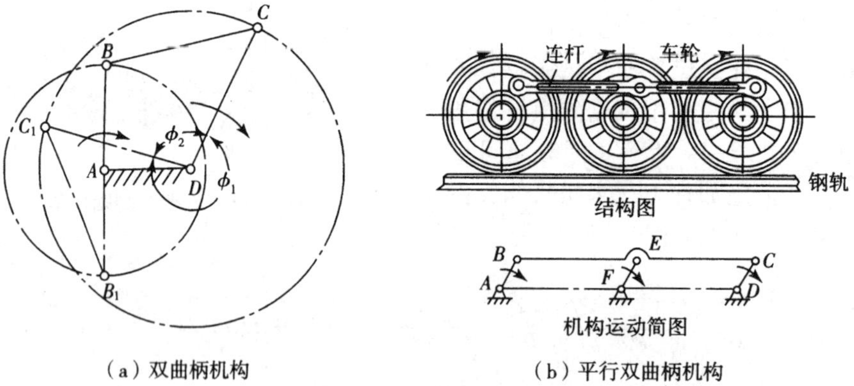

（a）双曲柄机构　　　　（b）平行双曲柄机构

图 2–17　双曲柄机构

双曲柄机构的运动，在一定条件下会出现死点，而且两个曲柄速度不同。如图 2–17 所示，当 *AB* 为主动件，顺时针方向转至 AB_1 时，它转 180°，从动曲柄 *CD* 则转过 φ_1 角。当 *AB* 继续转回 180°到远处时，*CD* 也回到原处时，转过 φ_2 角。由于 $\varphi_1 > \varphi_2$，所以双曲柄机构有如下特性：

（1）两曲柄长度不等，转速不等，主动曲柄作等速运动，从动曲柄作变速运动（忽快忽慢）；

（2）两曲柄长度不等，且其余杆长度相等，转向相同时，则两曲柄转速相同（平行双曲柄机构）；

（3）两曲柄长度相等，其余两杆长度相等，但转向相反时，则两曲柄转速不相等（反向双曲柄机构）。

双曲柄机构的应用非常广泛。

①如图 2-18 所示，在一回转印刷机中，版台的往复运动是用两个曲柄不等的双曲柄机构。A、D 相当于印刷机中的两个传动轴，当轴 A 作等速转动时，轴 D 作周期性的变速运动，因此版台在空回行程中作急回运动，这样可减少非工作时间，从而提高印刷机的工作性能。

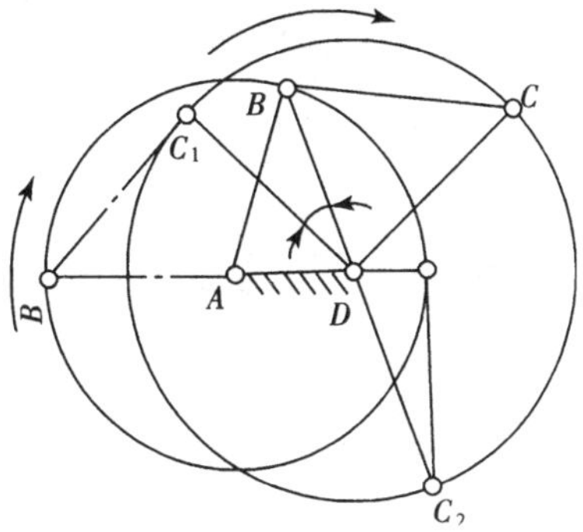

图 2-18 版台

② 两个曲柄相等，其余两杆长度相等，转向相同时，称为平行双曲柄机构，或平行四边形机构。该机构中两个曲柄的角速度始终相等，而连杆在运动过程中始终作平移运动。该机构应用较多。如图 2-19 所示的无线胶订联动机封面传送机构，三个齿轮齿数相等，所以齿轮 5 和齿轮 6、齿轮 7 在转动过程中角速度相等。齿轮 5 为主动件，其余为从动件，各齿轮转向如图 2-19 所示，构件 2 为托板，因此托板带动书芯作平移运动。

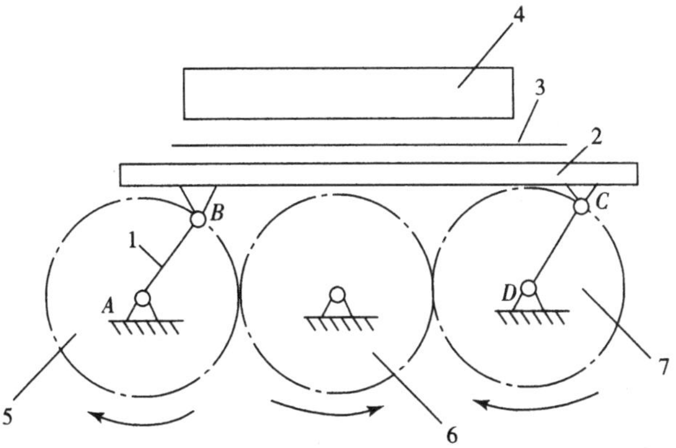

图 2-19 封面传送机构

1—主动齿轮；2—托板；3—封皮；4—书芯；5，6，7—齿轮

（三）双摇杆机构

在铰链四杆机构中，若两连架杆均为摇杆，称为双摇杆机构。如图双摇杆机构也会有死点位置，不过它的死点既是它摆动的两个极限位置。即连杆和从动摇杆共线的位置。如图 2-20 所示的车门开闭机构，就是双摇杆机构。当连杆 *BC* 与从动摇杆 *CD* 共线时会出现死点。

双摇杆机构也可以用在大型机构上如图 2-21 所示的起重机构，就是利用连杆上的特殊点来实现货物的水平吊运，减少不必要的能量损耗。

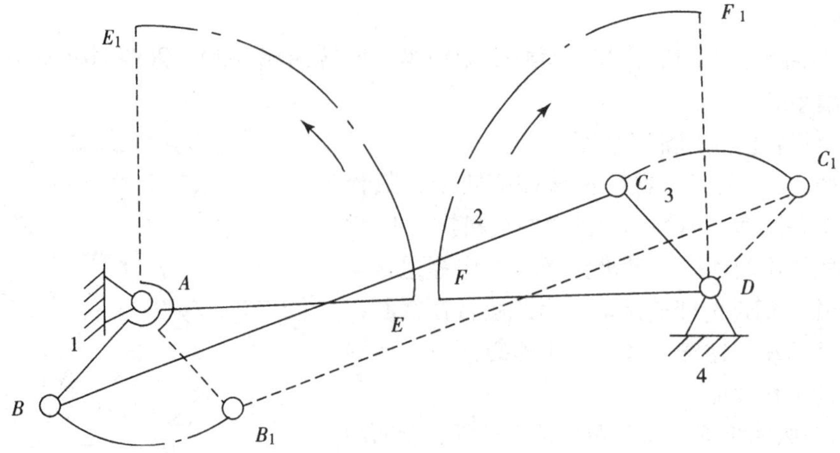

图 2-20　车门开闭机构

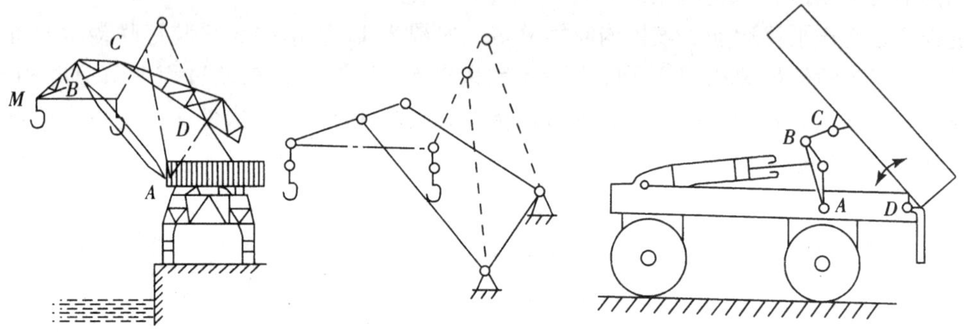

（a）重吊机　　（b）自卸载重翻斗汽车

图 2-21　起重机机构

二、铰链四杆机构的判别

铰链四杆机构存在曲柄的条件为：

（1）最短杆与最长杆的长度之和小于或等于其余两杆长度之和，即：

$$l_{max}+l_{min}\leqslant l'+l'';$$

（2）连架杆和机架中必有一个是最短杆。

根据上述曲柄存在条件可得以下推论。

①铰链四杆机构中，若最短杆与最长杆的长度之和小于或等于其余两杆长度之和，则：

a. 取最短杆的相邻杆为机架时，得曲柄摇杆机构；

b. 取最短杆为机架时，得双曲柄机构；

c. 取与最短杆相对的杆为机架时，得双摇杆机构。

②铰链四杆机构中，若最短杆与最长杆的长度之和大于其余两杆长度之和，则不论取何杆为机架时均无曲柄存在，而只能得双摇杆机构。

【例 2-2】试根据图 2-22 中所标明的尺寸（单位：mm），判别各铰链四杆机构的类型。

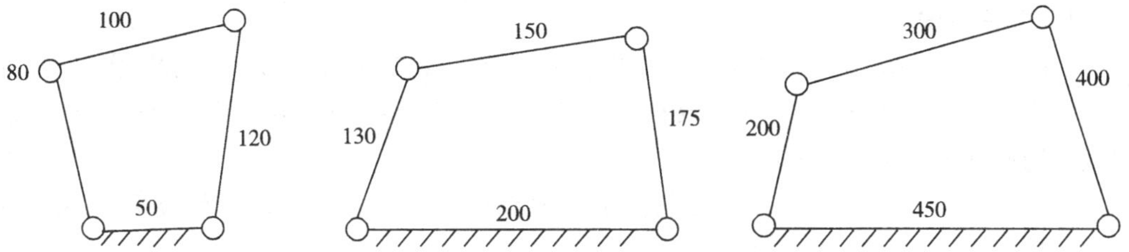

(a)双曲柄机构 (b)双摇杆机构 (c)曲柄摇杆机构

图 2-22

解：根据铰链四杆机构的判定形式：$l_{max}+l_{min}\leqslant l'+l''$。即 $50+120<80+100$。

最短杆作机架就为双曲柄机构，最短杆的对边为机架就为双曲柄机构，最短杆的相邻边为机架就为曲柄摇杆机构，因此，图 2-22（a）为双曲柄机构，图 2-22（b）和图 2-22（c）分别为双摇杆机构和曲柄摇杆机构。

三、铰链四杆机构的演化

1. 曲柄滑块机构

如图 2-23(c)所示，曲柄滑块机构是曲柄摇杆机构的一种变形机构。当曲柄摇杆机构的摇杆无限延长，*C* 点运动轨迹就由圆弧变为直线，并用滑块代替原来的摇杆，曲柄摇杆机构演化为曲柄滑块机构。

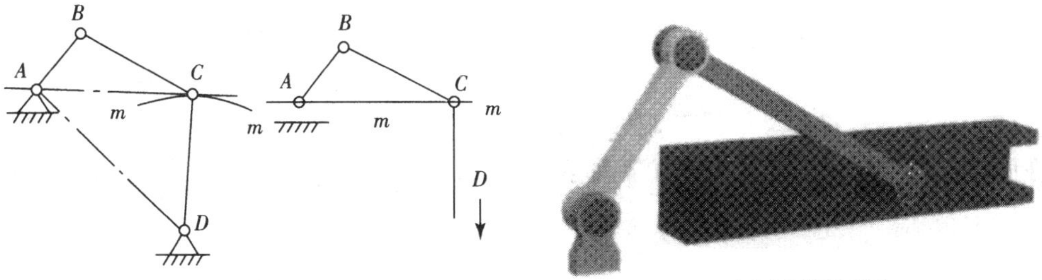

(a)曲柄摇杆机构 (b)加长摇杆 (c)曲柄滑块机构

图 2-23 曲柄滑块机构的演变

如图 2-24（a）所示，若滑块中心移动轨迹通过曲柄中心时，为对心曲柄滑块机构，该机构没有急回特性。如图 2-24(b)所示滑块中心移动轨迹不通过曲柄中心时，形成偏置曲柄滑块机构，它存在急回特性。

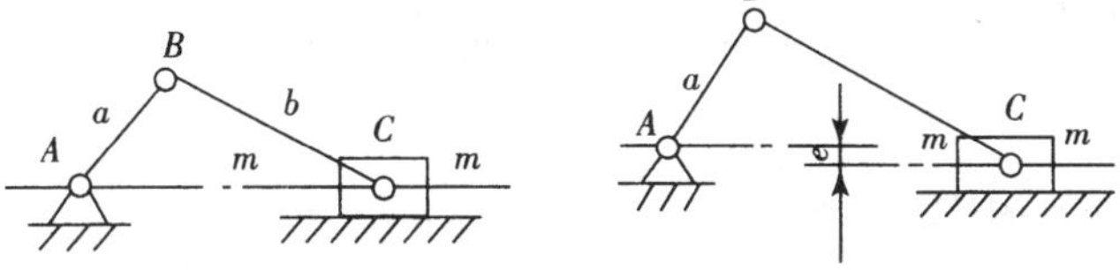

(a)对心曲柄滑块机构 (b)偏置曲柄滑块机构

图 2-24 曲柄滑块机构的形成

2. 导杆机构

如图 2–25 所示，若将曲柄滑块的曲柄 *AB* 固定（或滑块 *C* 固定），将机器 *AC* 改为滑块的活动导杆，连杆 *BC* 作为旋转的主动件，它就变成导杆机构。所以导杆机构也是四杆机构演化的一种变形机构。

（1）摆动导杆机构的演化。在曲柄滑块机构中，当滑块绕固定点转动就形成了摆动导杆机构。

如图 2–26 所示为包书机书芯夹送机构，此即为一个摆动导杆机构。当曲柄 1 以等角速度转动时，导杆 3 作往复的摆动，通过杆 4 的作用，夹具 5 沿轨道移动，将书芯传送至其他部分。当导杆急回摆动时，书芯夹具较快地返回。

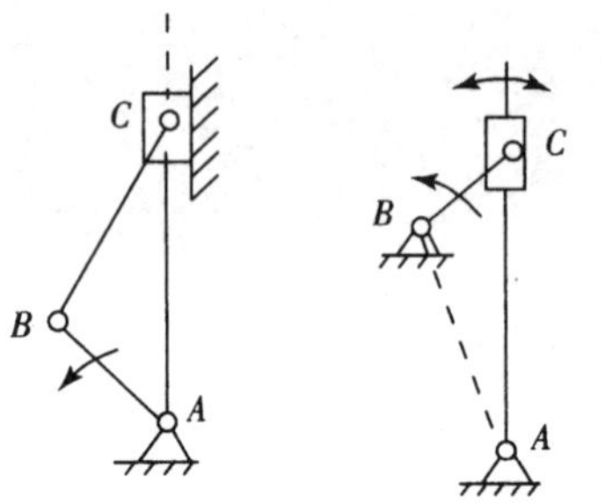

(a)曲柄滑块机构　　(b)导杆机构

图 2–25　摆动导杆机构的形成

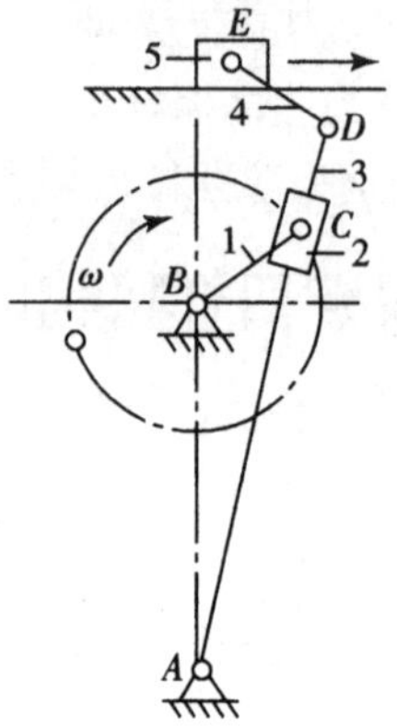

图 2–26　摆动导杆机构的应用——包书机书芯夹送机构

1—曲柄；2—滑块；3—导杆；4—杆；5—书芯夹具

（2）移动导杆机构。如图 2–27 所示，若将曲柄滑块机构中的滑块为机架，则使导杆在固定滑块中移动。该机构称为移动导杆机构。

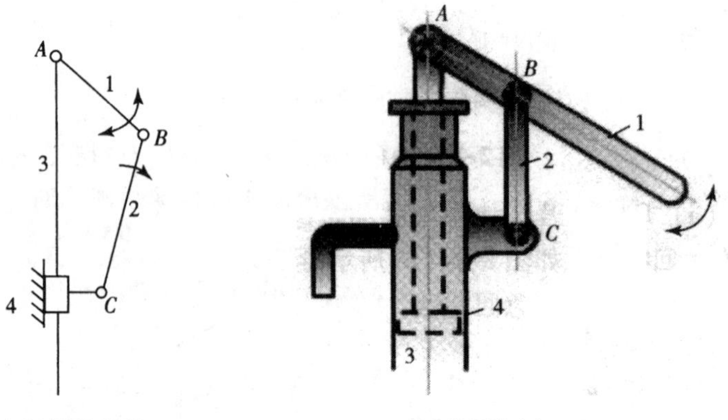

(a)移动导杆机构　　(b)手压抽水机

图 2–27　移动导杆机构

习 题

一、填空

1. 在铰链四杆机构中，曲柄存在的条件是__________。

2. 在曲柄摇杆机构中，以曲柄为原动件，机构可能存在__________特性；以摇杆为原动件，机构可能存在__________。

3. 铰链四杆机构可演化成为__________、__________和__________。

二、选择

1. 平面四杆机构中，最长杆与最短杆长度之和大于其余两杆长度之和，只能得到__________机构。

A. 双摇杆 B. 双曲杆 C. 曲柄摇杆 D. 双曲柄

2. 在曲柄摇杆机构中，只有当__________为主动件，才会出现死点位置。

A. 曲柄 B. 摇杆 C. 连杆 D. 机架

3. 工程中常借用__________使机构渡过死点。

A 飞轮 B. 某机构 C. 皮带轮 D. 机轮

4. 曲柄摇杆机构中，曲柄的长度为__________。

A. 最长 B. 最短 C. 大于连杆长度 D. 大于摇杆长度

三、综合题

1. 如图 2–28 所示，已知四杆机构各构件长度为 a = 240mm，b = 600mm，c = 400mm，d = 500mm，试问：

（1）当取 AD 为机架时，是否有曲柄存在？

（2）若各构件长度不变，能否以选不同构件为机架的办法获得双曲柄机构或双摇杆机构？如何获得？

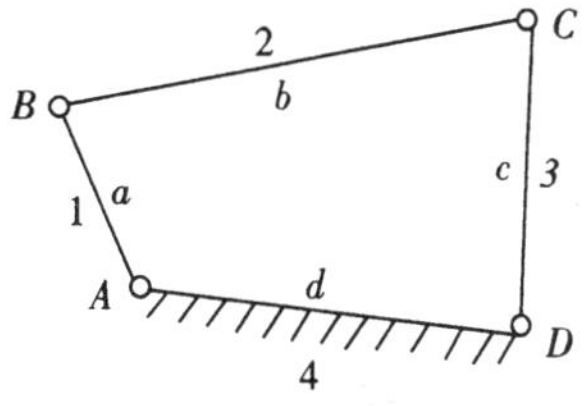

图 2–28

第三节 凸轮机构

一、凸轮机构的组成

凸轮机构一般由凸轮、从动件和机架三部分组成。所谓凸轮，它是一个具有曲线轮廓或凹槽的构件，在机构中为主动件，通常作连续的等速转动，也有的作摆动或往复直线移动；从动件在机构中按预定的运动规律作间歇的或连续的直线往复移动或摆动。

如图 2–29 所示为内燃机配气凸轮机构。具有曲线轮廓的构件 1 叫做凸轮，当它作等速转动时，其曲线轮廓通过与推杆 2 的平底接触，使气阀有规律地开启和闭合。工作对气阀的动作程序及其速度和加速度都有严格的要求，这些要求都是通过凸轮的轮廓曲线来实现的。

如图 2–30 所示为印刷机气泵送气时间的控制凸轮机构。凸轮 1 为主动件，当凸轮按图示方向等速转动时，滚子 3 和圆柱 4 在弹簧 5 的作用下，下降到图 2–30（b）所示位置，当凸轮继续转动时，滚子 3 和圆柱 4 下降到图 2-30(c)所示的最低位置。从而较准确地分配送气时间，保证输纸机构正常工作。

(a)内燃机实物图

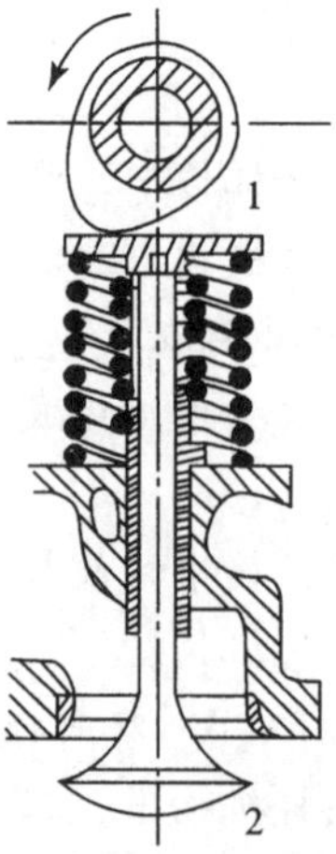

(b)内燃机配气凸轮机构

图 2-29　内燃机中的凸轮机构

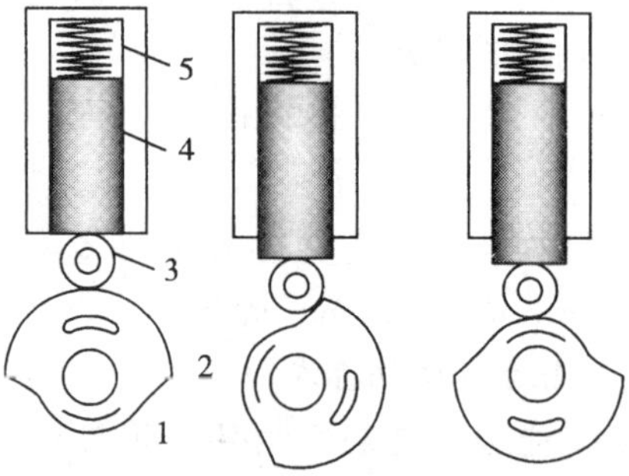

(a)　　(b)　　(c)

图 2-30　分配送气时间凸轮机构

1—凸轮；2—凸轮调节孔；3—滚子；4—圆柱；5—弹簧

由此可见，凸轮机构从动件的运动规律主要由凸轮曲线轮廓或凹槽的形状决定。只要设计出适当的凸轮轮廓曲线，就可以使从动件实现任何预期的运动规律。

二、凸轮机构的优缺点及其应用

凸轮机构具有如下优缺点：

(1) 只需改变凸轮廓线，就可以得到复杂的运动规律；

(2) 设计方法简便；

(3) 构件少、结构紧凑；

(4) 与其他机构组合可以得到很复杂的运动规律；

(5) 凸轮机构不宜传递很大的动力；

(6) 从动件的行程不宜过大；

(7) 特殊的凸轮廓线有时加工困难。

凸轮机构广泛地应用于各种机械，特别是自动机械、自动控制装置和装配生产线中，尤其是需要从动件准确地实现某种预期的运动规律。

三、凸轮机构的类型

（一）按凸轮形状分类

1. 盘形凸轮

如图 2-31 所示，这种凸轮类似圆盘，圆盘回转中心到外圆（即凸轮轮廓）的各点距离（称为向径 r）是变化的。这种凸轮结构简单，应用最广，但从动件行程不能太大，否则凸轮向径变化太大，对凸轮不利。

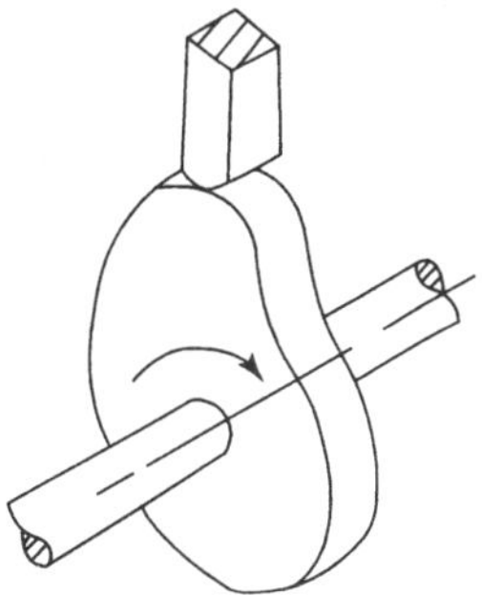

图 2-31 盘形凸轮

2. 圆柱凸轮

如图 2-32 所示，这类凸轮在圆柱体表面开有曲线凹槽或在圆柱表面上制出曲线轮廓。从动件一端夹在凹槽内，当凸轮转动时从动件沿沟槽作直线往复运动或摆动。这种凸轮主要用于行程较大的机械中。

图 2-32 圆柱凸轮

3. 移动凸轮

如图 2-33 所示，若将盘形凸轮的向径无限增大，回转运动的盘形凸轮就变成往复移动的移动凸轮。这种凸轮推动从动杆在其垂直方向移动；也可以凸轮固定，从动杆在两个方向上移动。

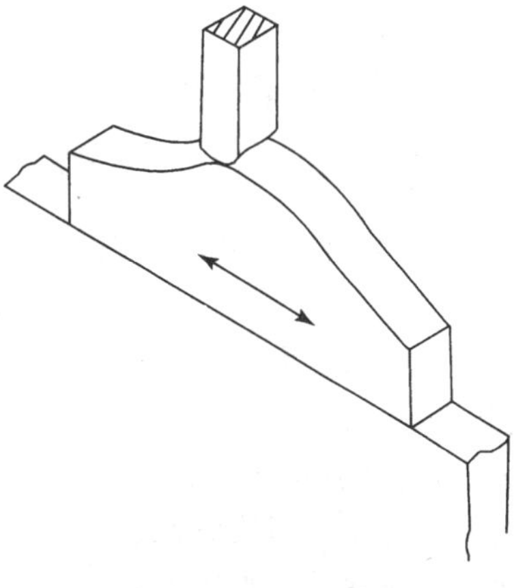

图 2-33 移动凸轮

（二）按从动杆形式分类

1. 尖顶式从动杆

如图 2-34(a)所示，这种从动件做成尖顶与凸轮轮廓接触。其特点是结构简单、动作灵敏，对于较复杂的凸轮轮廓也能准确地得到所需要的运动规律，但无论是从动件还是凸轮轮廓都容易磨损，它适用于低速、传力小和动作灵敏场合，如仪表记录仪等。

2．**滚子式从动件**

如图 2-34(c)所示，这种从动件顶端装有滚子，特点是与凸轮接触摩擦阻力小，不容易磨损，承载能力较大，但结构复杂。一般适用于速度不高、载荷较大的场合。

3．**平底式从动件**

如图 2-34(e)所示，这种从动件顶端做成较大的平底与凸轮接触，从动杆的底面与凸轮轮廓表面接触面积较大，且容易形成油膜，减少了摩擦，适用于高速传动。但是灵敏性较差，而且平底从动件不能用于具有内凹轮廓曲线的凸轮。

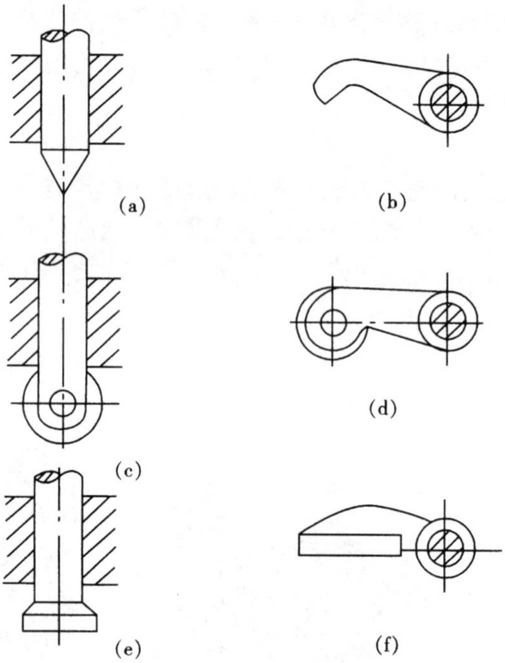

图 2-34　凸轮推杆的形式

此外，根据从动件活动方式可分为移动式与摆动式两种。

扩展知识

凸轮机构的压力角

凸轮机构工作时，依靠主动件凸轮的运动从而推动从动件实现预期的运动规律。

如图 2-35 所示为尖顶从动件凸轮机构。当凸轮以等角速度 ω 顺时针转动时，在 B 点处凸轮对从动件的作用力方向沿着 BP 方向，即高副接触点的法线方向。若不计摩擦时，凸轮对从动件作用力的方向与从动件上力作用点的绝对速度方向之间所夹的锐角 α，称为凸轮机构（在图示位置时）的压力角。显然 α 角随机构位置而变。

压力角 α 是影响凸轮机构传力特性的一个重要参数。当压力角越大时，凸轮机构的工作越费劲。当压力角增大到一定程度时，则无论凸轮给从动件多大的作用力，从动件都不能运动，这种现象称为自锁。根据实践经验，对于图示的凸轮机构，其压力角的最大许用值为 30°。

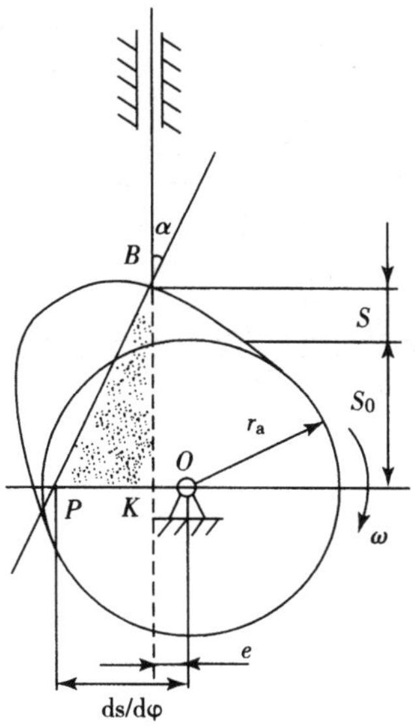

图 2-35　凸轮机构压力角

习　题

一、填空

1. 凸轮机构从动杆的运动规律，是由凸轮__________决定的。
2. 凸轮机构主要由__________、__________和__________组成。
3. 凸轮机构能使从动件按照__________工作要求，实现各种复杂的运动。

二、选择

1. 凸轮与从动件接触的运动副属__________。

   A. 移动副　　B. 点接触高副　　C. 转动副　　D. 低副

2. 凸轮机构__________。

   A. 可以任意拟定主动件的运动规律

   B. 可以用在对从动件的运动规律要求严格的场合

   C. 是高副机构，可以传递很大的动力，但不可高速启动

   D. 不可作为间歇运动机构

三. 综合题

1. 试述凸轮机构的优缺点。
2. 从动杆与凸轮轮廓的接触形式有哪三种？

第四节　螺旋机构

【任务】在印刷过程中，为了实现印刷压力调节，常使用螺旋机构（如图 2-36 所示）。它有什么特点？

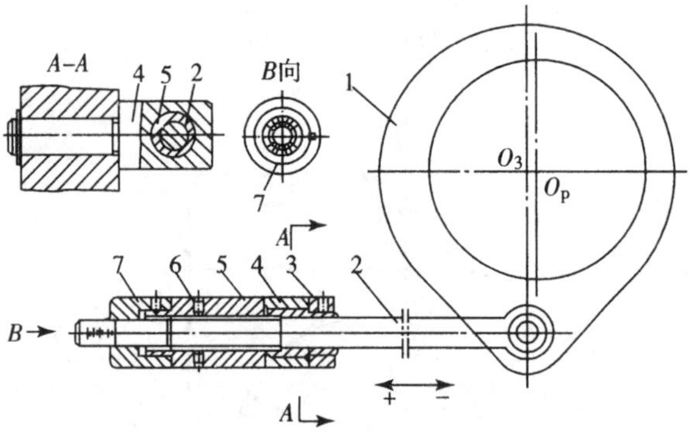

图 2–36　螺纹调压器

1—偏心套；2—拉杆；3—挡圈；4—支撑件；5—螺母；6—孔；7—套筒

一、螺旋机构的组成与特点

1．螺旋机构的组成

螺旋机构由螺杆 1、螺母 2 和机架 3 组成。图 2–36 为印刷机的螺纹调压器，其中螺母 5 和拉杆 2 组成了一个典型的螺旋机构，如图 2–37 所示。在调节印刷压力的时候可以通过转动螺母 5 来带动拉杆 2 的横向移动，拉杆 2 带动偏心套转动，实现印刷压力的调整。

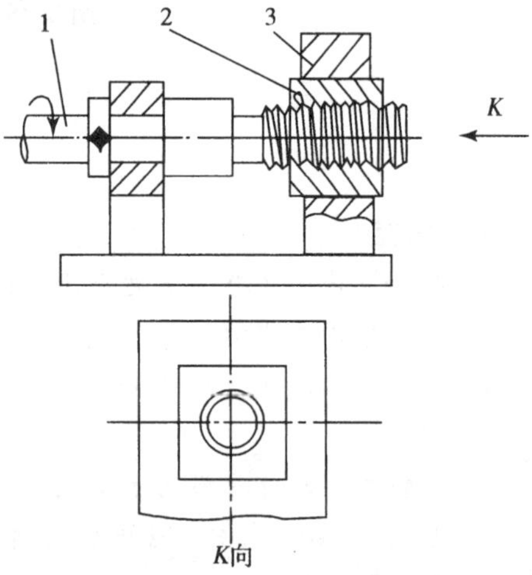

图 2–37　螺旋机构组成

1—螺杆；2—螺母；3—机架

2．螺旋机构的特点

螺旋机构的优点是能获得很大的减速比和力的增益，能达到较高的传动精度，且工作平稳；若选择合适的螺纹导程角，还可以使机构具有自锁性。

它的主要缺点是机械效率较低，特别是具有自锁性的螺旋机构的效率一般低于 50%。因此，螺旋机构常用于起重机、压力机以及功率不大的进给系统和微调装置中。

二、螺旋机构的形式

（一）单螺旋机构

单螺旋机构又称普通螺旋机构，是由螺杆和螺母组成的单一螺旋副实现的传动。它包括以下四种形式。

1．螺母固定不动螺杆回转并作直线运动

这种螺旋传动一般作为调节机构。如图 2–38 所示的印刷机墨斗供墨调节机构，螺母固定在机架上，当螺杆 1 回转时，可调节螺杆的顶端与墨斗钢片的接触量，从而达到控制油墨量的大小。

2. **螺杆固定不动，螺母回转并作直线运动**

如图 2–39 所示的螺旋千斤顶中，螺杆与底座相连静止不动，转动手柄使螺母 2 旋转，螺母带动托盘就会上升或下降。

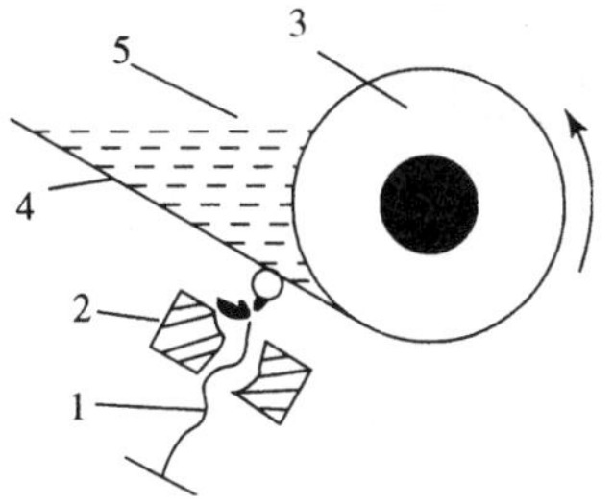

图 2–38 墨斗供墨机构

1—螺杆；2—螺母；3—墨辊；4—墨斗钢片；5—油墨

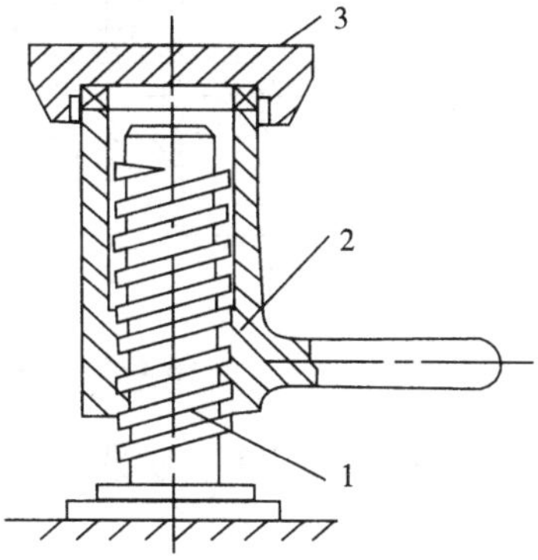

图 2–39 螺旋千斤顶

1—螺杆；2—螺母；3—托盘

3. **螺杆回转，螺母作直线运动**

这种螺旋传动以传递动力为主，用较小的力矩实现较大的轴向力。生产中将需要作轴向运动的构件直接与螺母联接，实现生产的目的。如图 2–40 所示的磨刀机机架。螺杆 1 作回转运动，带动螺母 2 及联接其上的刀架 3、刀片 4 作轴向的直线运动。

4. **螺母回转，螺杆作直线运动**

这种螺旋传动以调节螺杆作轴向移动为主，通过螺杆的轴向移动来实现调节构件位置的目的。如图 2–41 所示，螺母 2 回转，带动螺杆 1 作轴向移动从而调节后吹风 4 的位置。

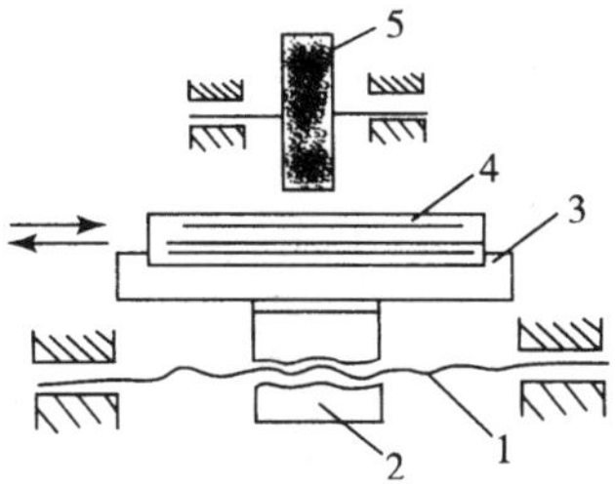

图 2–40 磨刀机刀架螺旋传动示意图

1—螺杆；2—螺母；3—刀架；4—刀片；5—磨刀砂轮

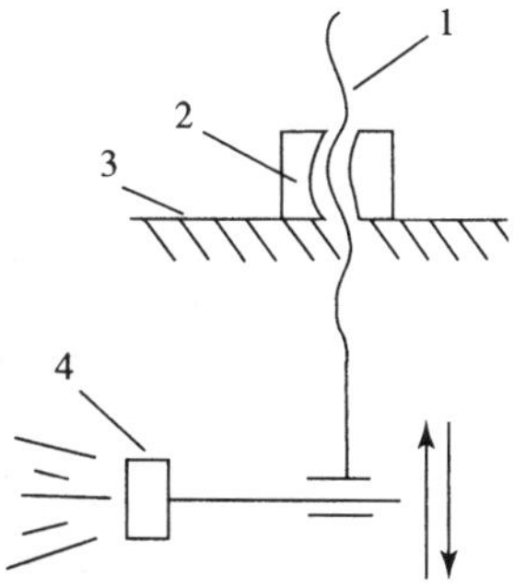

图 2–41 输纸机构后吹风的调节

1—螺杆；2—螺母；3—机架；4—后吹风

（二）双螺旋机构

如图 2–42 所示，在螺杆 1 上有两段螺纹，分别与螺母 2、3 组成两个螺旋副，此即为双螺旋机构。双螺旋机构中按两螺旋副的旋向不同，可分为如下两种：

（1）差动螺旋机构——两螺旋副中螺纹旋向相同；

（2）复式螺旋机构——两螺旋副中螺纹旋向相反。

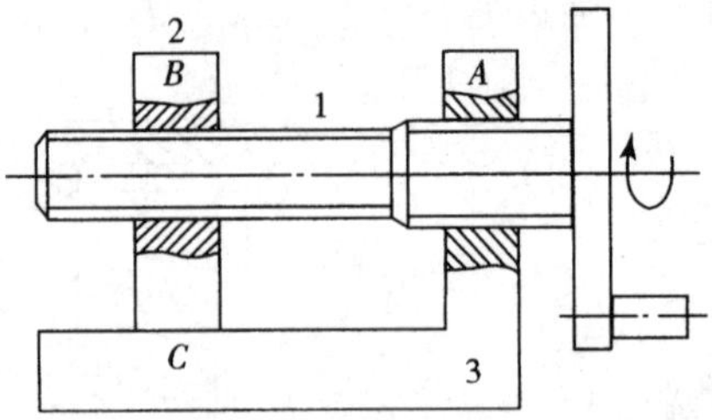

图 2–42　双螺旋机构（一）

（三）螺杆与螺母相对移动距离

1. 单螺旋机构

$$L = P_h z$$

式中，P_h 为螺母的导程 ；z 为螺杆转过的圈数。

【例 2–3】一个单螺旋机构中，螺距为 2mm，线数为 2，螺杆转过 1/100 圈，问螺母与螺杆间移动的距离为多少?

解：$L = P_h z = 2 \times 2 \times 1/100 = 0.04\text{mm}$

2. 双螺旋机构

（1）差动螺旋机构，即两螺旋副中螺纹旋向相同。差动螺旋机构可动螺母相对机架移动的距离为：

$$L = (P_{h1} - P_{h2})\ z$$

式中，P_{h1}、P_{h2} 为两段螺母的导程；z 为螺杆转过的圈数。

【例 2–4】在图 2–43 所示的双螺旋机构中，如果螺母 2 的导程为 4mm，螺母 3 的导程为 3.5mm，两段螺旋的旋向均为右旋，当螺杆转 1/100 圈时，可动螺母移动的距离是多少?

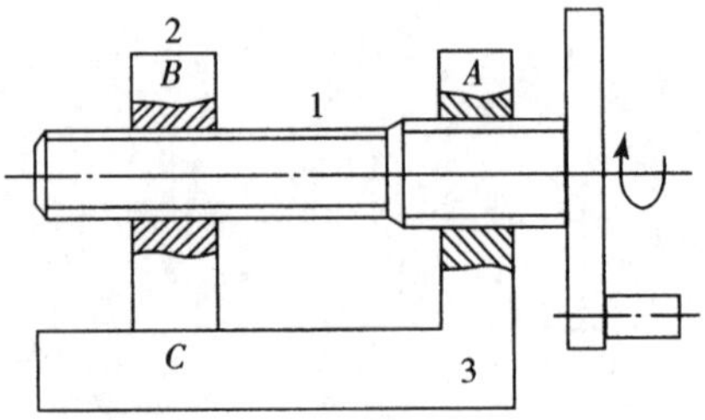

图 2–43　双螺旋机构（二）

解：由题分析可知，该螺旋机构为差动螺旋机构，则

$$L = (P_{h1} - P_{h2}) z$$
$$= (4 - 3.5) \times 1/100 = 0.005mm$$

当两螺旋副中的导程相差很小时，其移动量可以很小。利用这一特性，差动螺旋常应用于一些精确的场合，如测微器及许多精密切削机床、仪器和工具中。

（2）复式螺旋机构，即两螺旋副中螺纹旋向相反。复式螺旋机构可动螺母相对机

架移动的距离为

$$L = (P_{h1} + P_{h2})\ z$$

在复式螺旋中，其移动量与两螺母的导程之和成正比，所以通常用于快速调整或移动两构件相对位置的场合。若两螺母导程相等时，则可实现两构件的同步移动。

由上可见，在双螺旋机构中，由于螺母相对于机架移动距离所具有的不同特点，在不同的场合都有较好的应用。

扩展知识

滚珠螺旋机构

在上面所介绍的各种螺旋机构中，由于齿面之间存在滑动摩擦，磨损大，效率低，因而近年来可采用如图 2–44 所示的滚珠螺旋机构来代替普通的螺旋机构。

在滚珠螺旋机构中，螺杆和螺母之间封闭循环的螺旋滚道间放置滚珠，当螺杆或螺母转动时，滚珠沿螺纹滚道滚动，并沿滚珠循环装置的通道返回，使螺旋副间的滑动摩擦成为滚动摩擦。

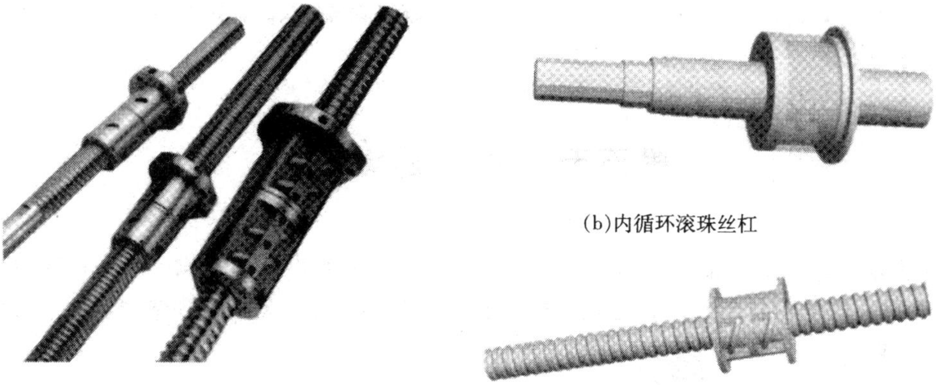

(a)滚珠螺旋机构实物　(b)内循环滚珠丝杠　(c)外循环滚珠丝杠

图 2–44　滚珠螺旋机构

滚珠螺旋机构的主要优缺点有：

（1）滚动摩擦系数小，传动效率高，其效率可达 90% 以上；

（2）动作灵敏，寿命长，运动具有可逆性；

（3）结构和制造工艺复杂，成本高。

习　题

一、填空题

1. 螺旋传动是利用＿＿＿＿＿＿副来传递＿＿＿＿＿＿和＿＿＿＿＿＿的一种机械传动。它可以方便地把主动件＿＿＿＿＿＿运动转变为从动件的＿＿＿＿＿＿运动。

二、选择题

1. 螺旋传动的特点（ ）。

A. 可用于机构减速　　B. 作增力机构

C. 摩擦阻力大，磨损较严重　D. 效率低50%左右

2. 近年来为适应自动控制需要而发展起来的新型螺旋传动是（ ）。

A. 普通螺旋传动　　B. 相对位移螺旋传动

C. 差动位移螺旋传动　　D. 滚珠螺旋传动

3. 普通螺旋传动机构（ ）。

A. 结构复杂　B. 传动效率高　C. 传动精度低　D. 承载能力强

4. 能将旋转运动转变为平稳而又产生很大轴向力的直线运动的机构是（ ）。

A. 平面连杆机构　B. 凸轮机构　C. 螺旋传动机构　D. 齿轮结构

三、判断

1. 差动螺旋传动可以产生极小的位移，能方便地实现微量调节。( )

2. 滚珠螺纹传动的传动效率高，传动时运动平稳，动作灵敏。( )

3. 差动螺旋传动可以产生极小的位移，因此，可方便地实现微量调节。( )

4. 普通螺旋传动和差动螺旋传动中的运动副是低副，滚珠螺旋传动中的运动副是高副。( )

第五节　间歇运动机构

【任务】图2-45为国产J2108A型印刷机输纸台上升的控制机构，其中有棘轮4与棘爪5组成的棘轮棘爪机构，这是一种间歇运动机构。它是怎样实现输纸台的上升的?

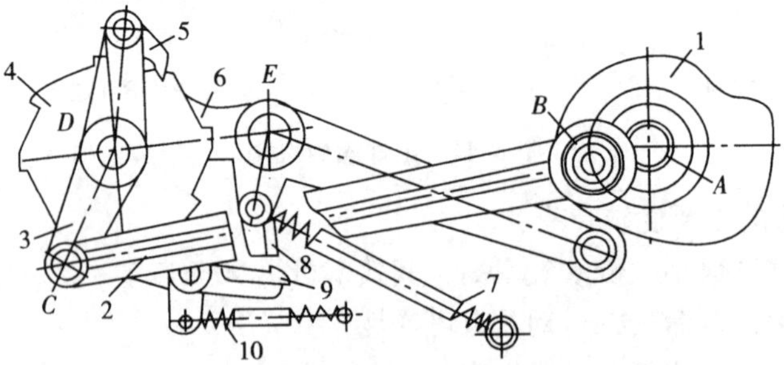

图2-45　自动升纸传动机构

1—凸轮；2—连杆；3—摇杆；4—棘轮；5—棘爪；6—控制凸块；7，10—弹簧；8—摆杆和摆杆凸块；9—控制钩

间歇运动机构，又称步进机构。通常主动件在作连续运动时，从动件能产生周期性的运动—停止—运动，即间歇运动。常用的间歇机构有棘轮机构、槽轮机构和不完全齿轮机构等。

一、棘轮机构

（一）棘轮机构的组成及工作原理

如图2-46所示棘轮机构，主要由棘轮、棘爪、止回棘爪和机架组成，常与曲柄摇杆机构配套使用。棘轮1的轴上套有摇杆2，摇杆上装有棘爪3。当摇杆向左摆动时，棘爪嵌入棘轮齿间推动棘轮反时针方向转动一定角度。当摇杆向右摆动时，棘爪从棘轮齿背滑过，棘轮不动。同时止回棘爪5用于阻止棘轮倒转。这样，摇杆往复摆动，棘轮单向间歇运动。

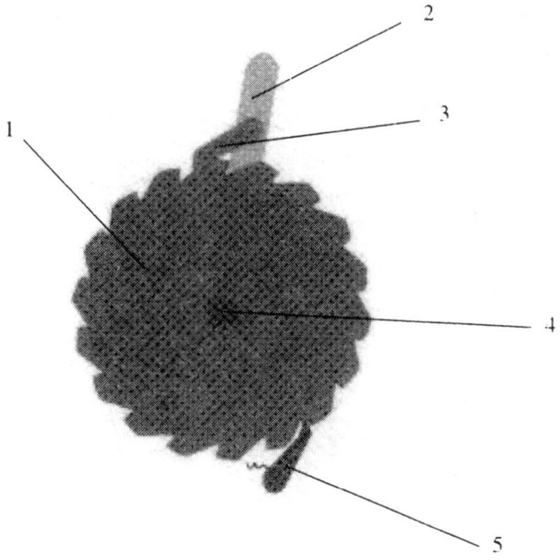

图2-46 棘轮机构

1—棘轮；2—摇杆；3—棘爪；4—机架；5—止回棘爪

（二）棘轮机构类型

棘轮机构除了上述的单向式以外还有以下几种类型。

1. 双向式棘轮机构

这种棘轮机构棘齿为矩形，棘爪可以翻转，如图2-47(a)所示。当棘爪处在左侧实线位置时，棘轮逆时针方向运动，当棘爪处在右侧实线位置时，棘轮顺时针方向运动。如将棘爪作为可转式，如图2-47(b)所示，同样可通过手柄拔出定位销，使棘爪转动180°后，插入另一端的定位销孔，实现间歇运动。

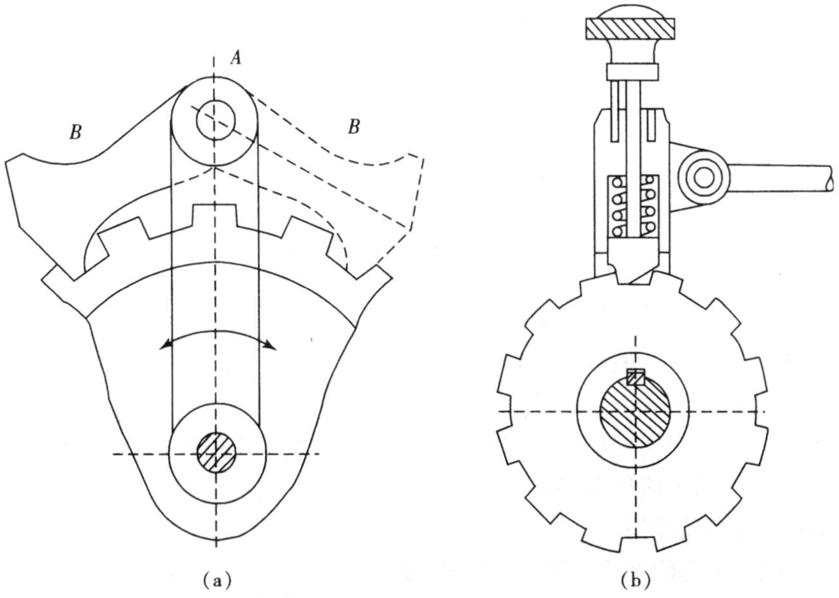

图2-47 双向式棘轮机构

2. **双动式棘轮机构**

这种棘轮机构如图 2–48 所示，摇杆摆动一次，大、小棘爪各推动或勾动棘轮一次，使棘轮转速增加一倍。

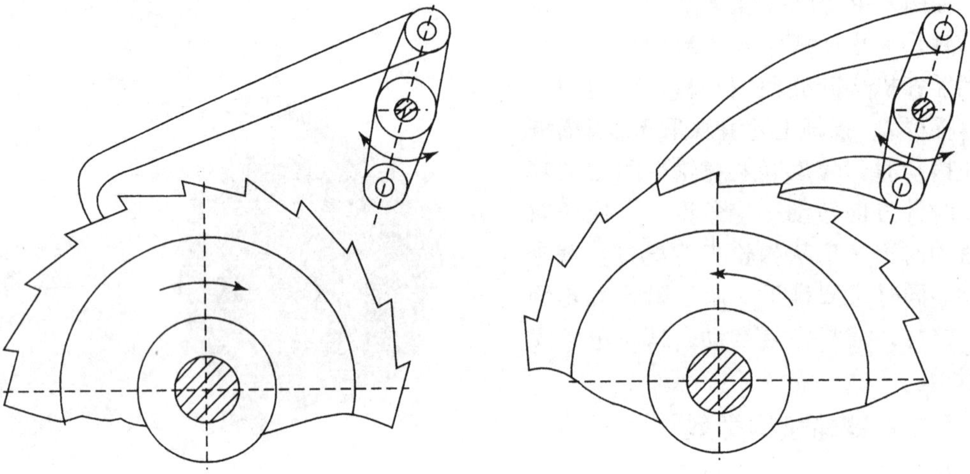

(a)　　　　(b)

图 2–48　双动式棘爪机构

3. **摩擦式棘轮机构**

这种棘轮机构如图 2–49 所示，靠摩擦力推动棘轮转动和止动。棘轮的转角大小可以任意改变，不受棘齿限制，但摩擦式棘轮机构不能承受较大载荷。

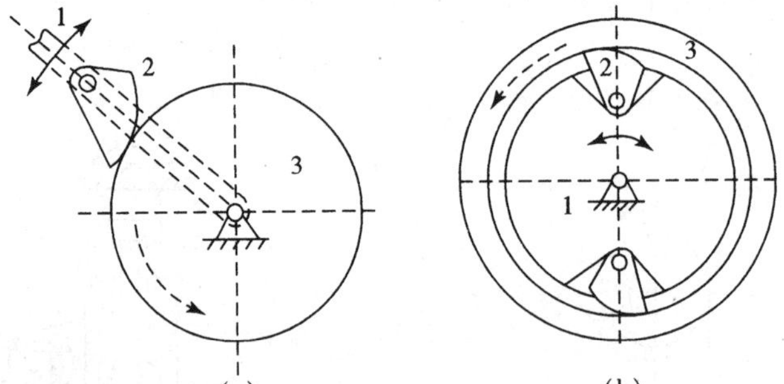

(a)　　　　(b)

图 2–49　摩擦式棘轮机构

（三）棘轮机构的特点及应用

棘轮机构结构简单，造价低廉，调节转角方便；但冲击和噪声大，传动精度较差，一般用于主动件速度不大，从动件行程需要改变的场合。

棘轮机构因具有单向间歇运动的特性，所以在生产上可以满足机构的步进、制动等技术要求。在印刷机上应用较多。

1. **实现步进传动作用**

如图 2–50 所示为印刷机供墨的棘轮机构。曲柄 1 为主动件，当曲柄转动时，通过连杆 2 的作用，使摇杆 3 往复摆动。

若摇杆逆时针摆动，装在摇杆顶端的棘爪6即可推动棘轮转动，棘轮5与供墨辊轴心D相连接，因此供墨辊轴心亦随之摆动，实现供墨；

若摇杆顺时针摆动，棘爪6在棘轮齿面上滑动，棘轮停止不动，供墨辊轴心D亦停止转动，供墨停止，从而实现间歇地供墨作用。

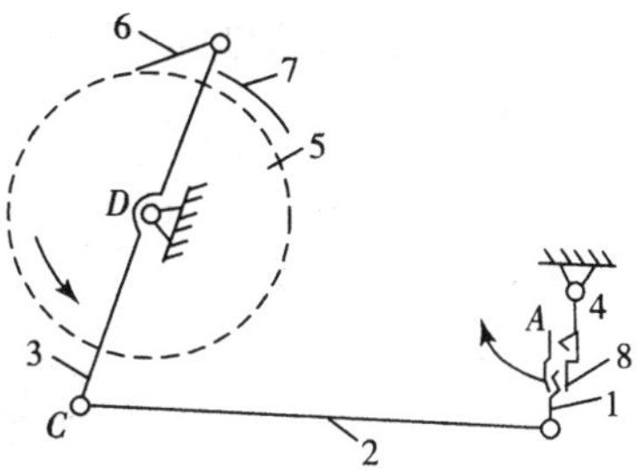

图2-50　供墨传动

1—曲柄；2—连杆；3—摇杆；4—机架；5—棘轮；6—棘爪；7—调节凸块（盖板）；8—调节螺母

2. 实现自动控制作用

如图2-45所示为印刷机自动升纸传动机构。

在工作时，电磁铁通电，控制钩9在克服弹簧10的拉力下摆，与摆动杆8上的凸块脱开，摆杆8即在弹簧7的拉力下绕轴E作逆时针的摆动，控制凸块6下降，棘爪5嵌入棘轮齿进行传动，使轴D转动，堆纸台上升。纸堆上升到一定位置后，电磁铁断电，在弹簧10的拉力作用下控制钩9上摆，由于凸轮1的大面转动使摆杆8与控制钩9接触，控制凸块6将棘爪5抬起，棘轮4停止转动。

3. 实现制动作用

如图2-51所示为LS201型书刊轮转印刷机辅助电动机和单向制动传动机构。棘爪1与制动轮4相固联，制动轮4与主电机固联。三个棘爪均匀地分布在棘轮轮齿上，棘轮3与轴O固联。

当机器需慢速运转时，启动辅助电机（图中未画出），带动轴O和棘轮3作逆时针转动，棘轮推动棘爪使制动轮转动，机器慢速运转。

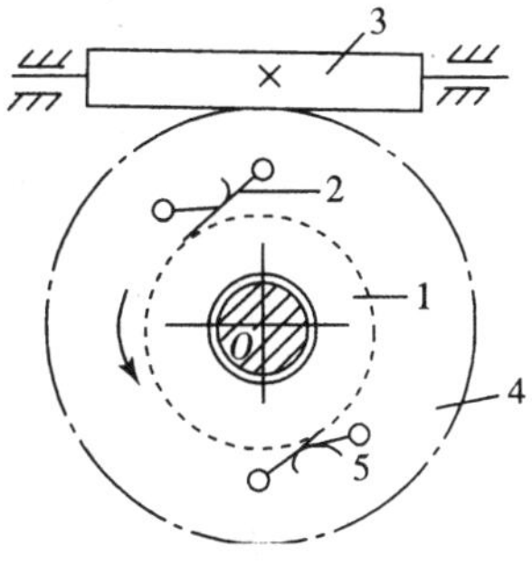

图2-51　制动轮制动传动机构

1—棘爪；2，5—压簧；3—棘轮；4—制动轮

当机器需正常运转时（高速运转），启动主电机（图中未画出），制动轮带动棘爪逆时针转动，棘爪1虽在压簧2的作用下与棘轮轮齿相接触，但只能沿棘轮轮齿表面滑动，此时棘轮停止不动，从而保证机器单向运动。

4. 实现超越运动的作用

如图2-52所示为印刷机纸堆快速上升超越运动的棘轮机构。

当蜗杆3转动时，带动蜗轮4并通过装在其上的棘爪2，使棘轮1作逆时针的慢速转动。棘轮1连接在轴O上，因此轴O也随之慢速地转动，纸堆慢速上升。

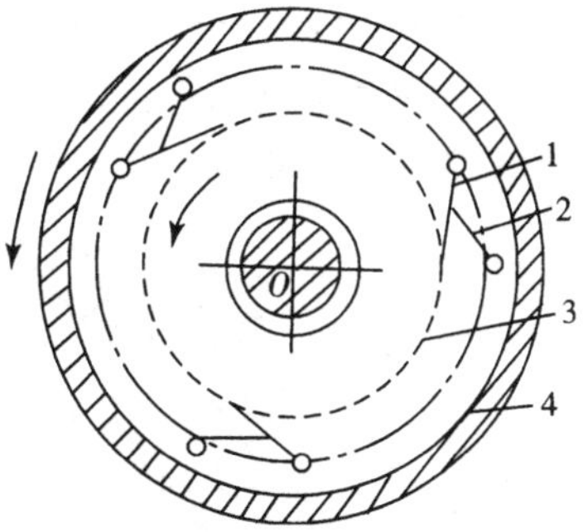

图2-52　超越运动的棘轮机构

1—棘轮；2—棘爪；3—蜗杆；4—蜗轮；5—压簧

在蜗杆蜗轮慢速转动的同时，可直接快速转动轴O使纸堆快速上升，带动棘轮作快速转动，此时，作慢速转动的蜗轮对棘轮1不再起作用，棘爪2在棘轮的齿上滑动。在这种情况下，棘轮的转速超过蜗轮的转速而自由运转，这种运动即为超越运动。

（四）棘轮机构转角的调整

（1）棘轮机构中可通过改变曲柄长短达到改变摇杆摆动角度的大小的目的（如图2–53所示），曲柄长度减少，摇杆、棘爪摆角就减少，棘轮转角相应减少；反之曲柄长度增大，棘轮转角也增大。

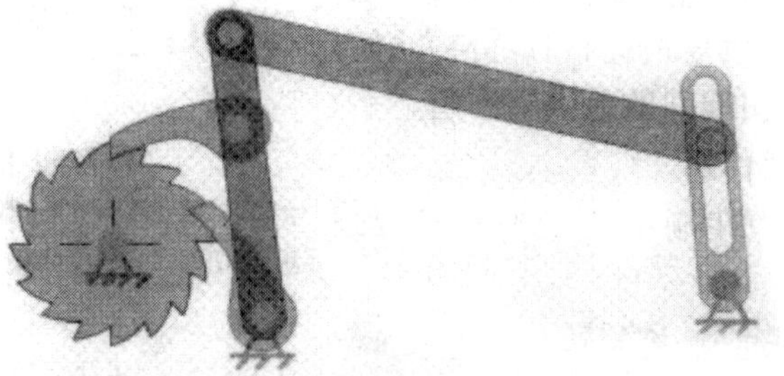

图 2–53　改变曲柄长度调节棘轮转角

（2）棘轮罩（如图 2–54 所示）遮盖部分棘轮，就可以调节棘轮转角大小。调节时将手柄插销插到定位板孔适当位置即可。

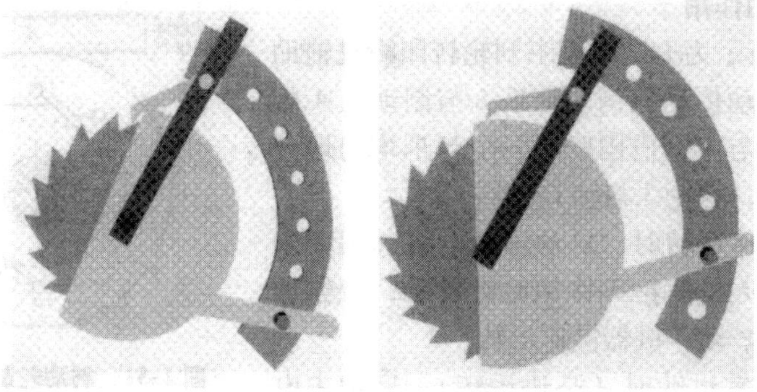

图 2–54　用遮板调节棘轮转角

二、槽轮机构

1. 槽轮机构的组成及工作原理

槽轮机构又称为马尔他机构，如图 2–55 所示，它是由带圆柱销 2 的拨盘 1 与带径向槽的槽轮 3 和机架组成。

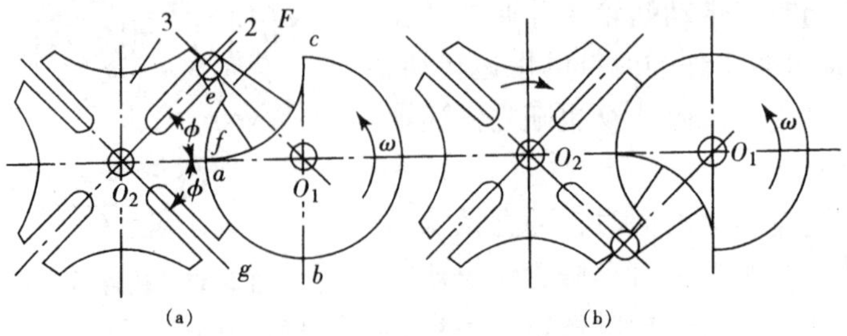

图 2–55　槽轮机构

1—拨盘；2—圆柱销；3—槽轮

当拨盘1作等速转动，圆销还未进入槽轮3的径向槽时，槽轮的凹弧被拨盘的外凸弧 *abc* 卡住，槽轮静止不动，但拨盘可以从槽轮凹弧中滑过。当圆柱销开始插入径向槽时，圆柱销带动槽轮3转动，槽轮按拨盘旋转方向的相反方向转过一定角度。如图2–55(b)所示，当圆柱销从径向槽脱出时，槽轮的另一凹弧被拨盘外弧卡住，使槽轮不能转动，而拨盘继续转动，直到圆柱销进入下一个径向槽，如此周而复始。这样拨盘连续地转动，转换为从动槽轮的间歇转动。

2. 槽轮机构的特点及应用

槽轮机构简单紧凑，运动平稳，能平稳地改变，常用在自动化机构中，但不能像棘轮机构那样改变运动角度的大小。

如图2–56所示为装订间歇式圆盘包本机槽轮机构示意图。图2–56(a)为工作大圆盘和书芯加工位置图，大圆盘17与槽轮11相固联。当槽轮11转动时，书芯在各位置进行加工，在位置1书芯被夹紧，位置2上胶，位置3胶料预干，位置4包封面，位置5胶料烘干，位置6夹紧成型，位置7空挡，位置8出书。

图2–56(b)为大圆盘主传动槽轮机构。当圆销10（主动件）开始进入径向槽13时，槽轮的内凹圆弧12即将离开外凸圆弧9，槽轮11和大圆盘17一起转动；当圆销10与径向槽13开始脱节时，内凹圆弧12即与外凸圆弧9接触，槽轮即停止不动。图中14为制动构件，其作用是保证槽轮准确定位，它由控制凸轮16通过滚子15来传动。

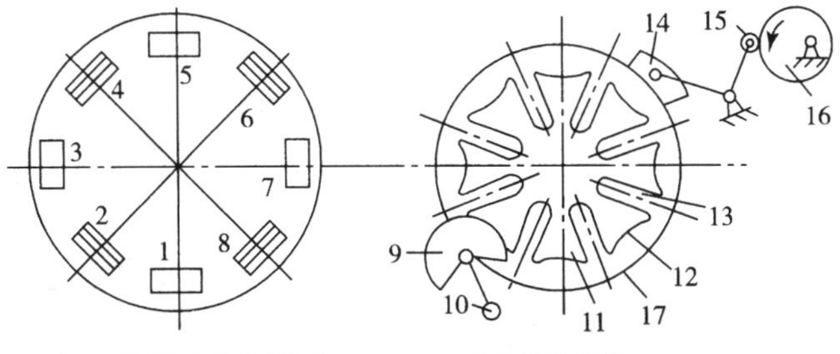

（a）书芯加工工序位置　　（b）槽轮机构

图2–56　槽轮机构的应用——圆盘包书机槽轮机构传动

1～8—书芯加工位置；9—外凸圆弧；10—圆销；11—槽轮；12—内凹圆弧；13—径向槽；14—制动件；15—滚子；16—凸轮；17—大圆盘

三、其他间歇机构简介

（一）不完全齿轮机构

不完全齿轮机构是由普通渐开线齿轮机构演变而成的一种间歇运动机构，如图2–57所示的不完全齿轮机构，其主动轮1的轮齿没有布满整个圆周，所以当主动轮1作连续转动时，从动轮2作间歇转动。当从动轮2停歇时，靠轮1的锁止弧与轮2的锁止弧相互配合，将轮2锁住，使其停歇在预定的位置上，以保证主动轮1的首齿下次再与从动轮相应的轮齿啮合传动。

不完全齿轮机构也有外啮合和内啮合两种类型。如图2–57(a)所示为外啮合不完全齿轮机构，轮1只有一段锁止弧，轮2有八段锁止弧，当轮1转一周时，轮2转过1/8周，两轮转向相反；如图2–57(b)所示为内啮合不完全齿轮机构，轮1只有一段锁止弧，轮 2 有十二段锁止弧，当轮 1 转一周时，轮 2 转 1/12 周，两轮的转向相同。

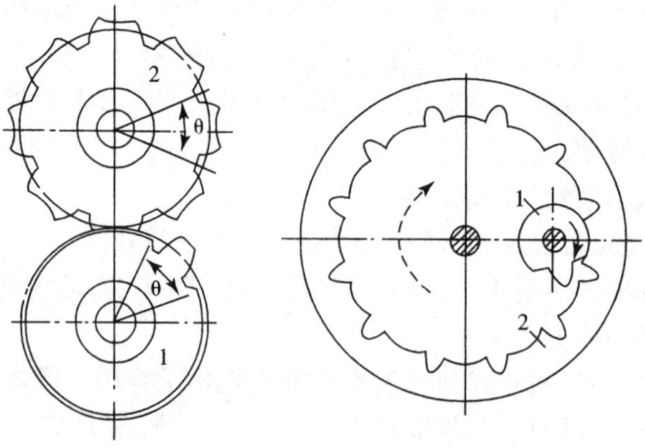

(a)外啮合　　(b)内啮合

图 2–57　不完全齿轮机构

不完全齿轮机构常用于多工位、多工序的自动机械或生产线上，实现工作台的间歇转位和进给运动。

（二）凸轮式间歇运动机构

如图 2–58 所示，凸轮式间歇机构由主动凸轮、从动盘组成。主动凸轮连续转动，推动从动盘实现间歇分度转动。

(a)　　(b)

图 2–58　凸轮式间歇运动机构

凸轮式间歇运动机构具有较好的动力特性、较高的分度精度、较低的加工成本。在轻工机械、冲压机械等高速机械中常用作高速、高精度的步进进给、分度转位等机构。例如用于高速冲床、多色印刷机、包装机、折叠机等。

习　题

一、填空

1. 改变棘轮机构摇杆摆角的大小，可以利用改变曲柄__________的方法来实现。

2. 常见的间歇运动机构有__________、__________、__________、__________。
3. 调整棘轮机构转角的方法有__________。
4. 棘轮机构中止回棘爪的作用__________。

二、选择

1. 棘轮机构的主动件是作__________运动的。
   A. 往复运动　　B. 直线往复　　C. 等速旋转　　D. 变速旋转
2. 间歇运动机构__________把间歇运动转换成连续运动。
   A. 不能　　B. 能　　C. 偶而能　　D. 偶而不能

三. 综合题

1. 与棘轮机构、槽轮机构相比，凸轮式间歇运动机构的最大优点是什么？
2. 棘轮机构有哪些类型？特性如何？

综合实践　印刷机的运转

一、实习形式

观看印刷机的装配及运转过程。

二、实习内容

机械基础中各种常用机构（平面连杆机构、凸轮机构等）的作用。

三、实习目的

（1）掌握各种常用机构在印刷机运转中的作用。
（2）正确识别各种常用机构的机构运动简图。

四、实习设备、工具

（1）设备：印刷机一台或数台；
（2）工具一套：设备操作工具一套等。

五、实习步骤

（1）预先调整好机器；
（2）开启机器观看各种常用机构的运作；
（3）请指导老师拆装一台印刷机，分析机构的作用；
（4）由教师讲解各种机构的组成及在印刷机中的作用；
（5）讲解完毕后，关闭机器并清理好现场。

六、问题讨论

（1）平面连杆机构在印刷机的输纸部分起到什么作用？
（2）在调节印刷压力的时候，螺旋机构应该怎样运作？
（3）观察传动面的各机构的运动，总结传动面有几种常用机构？

第三章 印刷机械中的常用零部件

本章学习目标：

1. 了解轴的分类及结构、掌握轴的功用、轴上零件的固定方法；
2. 了解键联接与销联接的种类、特点，掌握键联接与销联接的应用；
3. 了解轴承的构造及分类，掌握滚动轴承的功用、代号及其装拆；
4. 了解螺纹联接的类型、特点，掌握螺纹联接的防松措施与应用场合；
5. 了解联轴器、离合器、制动器的种类、特点，掌握其应用。

本章应学会的术语：

轴头　轴颈　轴承　轴向定位　周向定位　键　销　滚动轴承　轴承　润滑　联轴器　离合器　制动器

第一节　轴

【任务】剖析印版滚筒的传动装置和组成结构。

胶印机的滚筒部件包括印版滚筒、橡皮滚筒、压印滚筒三大部件。印版滚筒的主要作用有两个：第一，牢固地支撑印版。印版滚筒的表面装夹有印版，在印刷过程中，它与橡皮滚筒相接触，在一定的压力下作纯滚动，将印版上的图文转移到橡皮滚筒上。第二，传递动力。在印版滚筒的筒体两端装有传动齿轮，印版滚筒要负责把动力从橡皮滚筒轴传给输墨输水系统。

印版滚筒的传动装置由传动轴和齿轮组成，印版滚筒本身就是传动轴，它与滚筒体作为一体，所以是一根特殊的传动轴。

如图 3–1 所示为滚筒的实物图，如图 3–2 所示为印版滚筒的视图，我们可以看到印版滚筒由轴头、轴颈、滚枕、滚筒体组成。轴头用以安装印版滚筒两端的传动齿轮。轴颈是印版滚筒的支撑部分，用来安装轴承。滚枕又称肩铁，是滚筒两端的凸起铁环。

一、轴的功能

轴的主要功用是支撑轴上零件（如凸轮、齿轮、带轮、链轮等），实现运动及动力的传递。本章任务中的印版滚筒正是担负了传递运动及动力的作用，所以可以看作是一根特殊的轴。

图 3-1 滚筒实物图

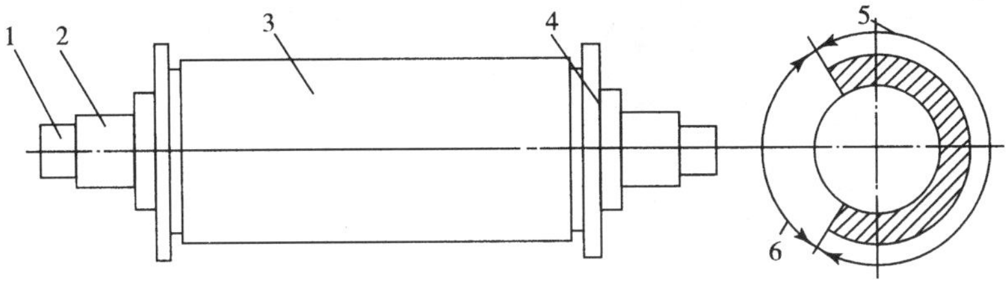

图 3-2 印版滚筒的结构

1—轴头；2—轴颈；3—滚枕；4—滚筒体；5—有效印刷部分；6—空挡部分

二、轴的分类

1. 直轴

(1) 直轴按其承载情况不同可分为传动轴、心轴和转轴。

如图 3-3 所示为汽车的传动轴，即主要承受转矩作用的轴。

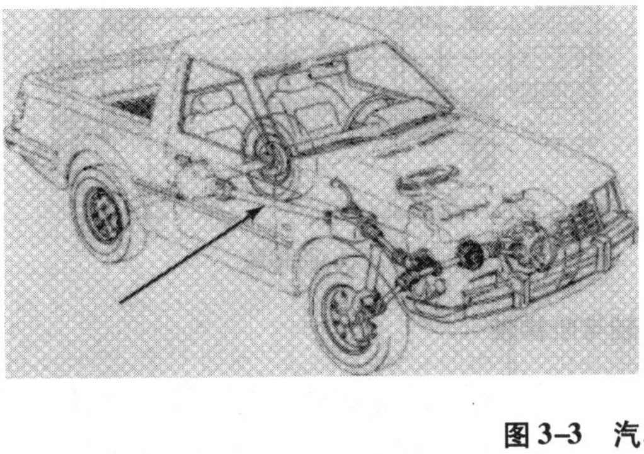

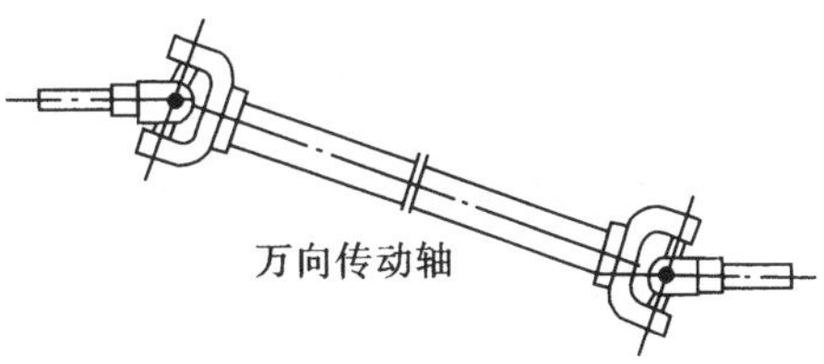

图 3-3 汽车传动轴

如图 3-4 所示为自行车前轮轴，即只承受弯矩作用的轴。

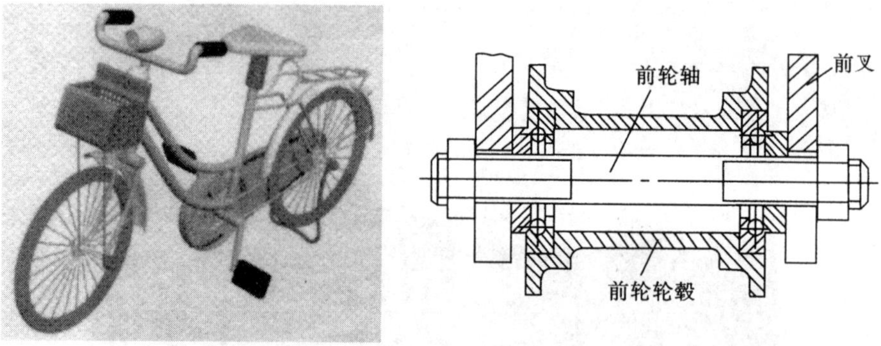

图 3-4　自行车前轮轴

如图 3-5 所示为卷扬机的小齿轮轮轴，即既承受弯矩又承受转矩作用的轴。

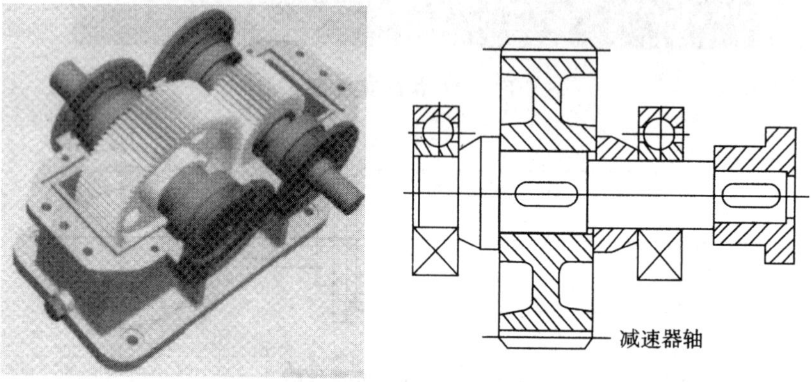

图 3-5　齿轮减速器轴

（2）直轴根据外形的不同，可分为光轴和阶梯轴两种。

如图 3-6(a)所示的轴为直径没有变化的光轴，结构简单，加工容易，但不利于轴上零件的轴向定位。

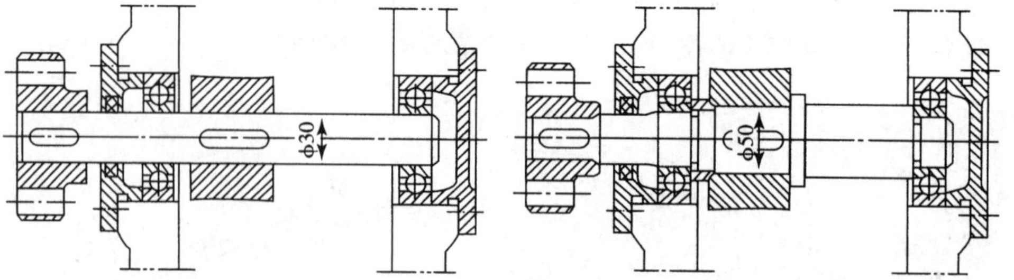

(a)光轴　　(b)阶梯轴

图 3-6　光轴与阶梯轴

图 3-6(b)所示的轴为直径有变化的阶梯轴，与光轴比虽然结构较复杂，但其不仅能对轴上零件作轴向定位，而且还便于轴上零件的安装和拆卸。另一方面，在阶梯轴直径的选择上，还可以考虑在应力大的位置选择大直径，应力小的位置选择小直径，从而节约材料，减轻重量。因此，在一般机械中，应用最多的是阶梯轴。

2. **曲轴**

曲轴是内燃机、曲柄压力机等机器中用于往复运动和旋转运动相互转换的专用零件，它兼有转轴和曲柄的双重功能，如图 3–7 所示。

图 3–7　曲轴

3. **软轴**

软轴具有良好的挠性，它可以把回转运动灵活地传到任何空间位置。如图 3–8 所示。

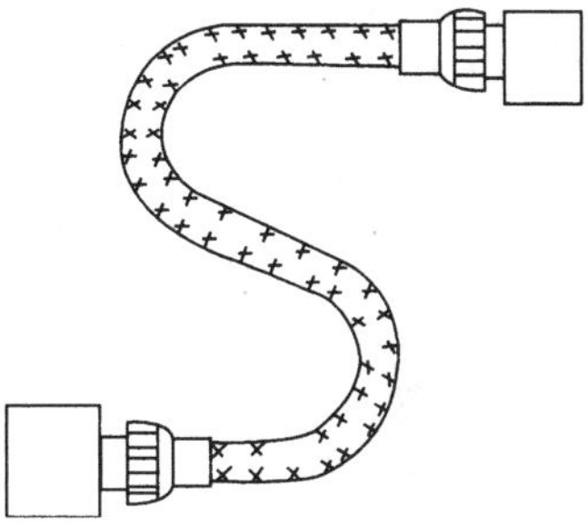

图 3–8　软轴

三、阶梯轴的组成与结构

为了便于安装和拆卸，以及承载的需要，大多数的阶梯轴为中间大，两端小。

1. **阶梯轴的组成**

阶梯轴主要由轴头、轴颈和轴身组成，如图 3–9 所示。

（1）轴头。与齿轮、联轴器等传动零件配合的轴段，如图 3–9②、⑤段。

（2）轴颈。与轴承配合的轴段，如图 3–9①、③段。

（3）轴身。连接轴头与轴颈的轴段，如图 3–9④段。

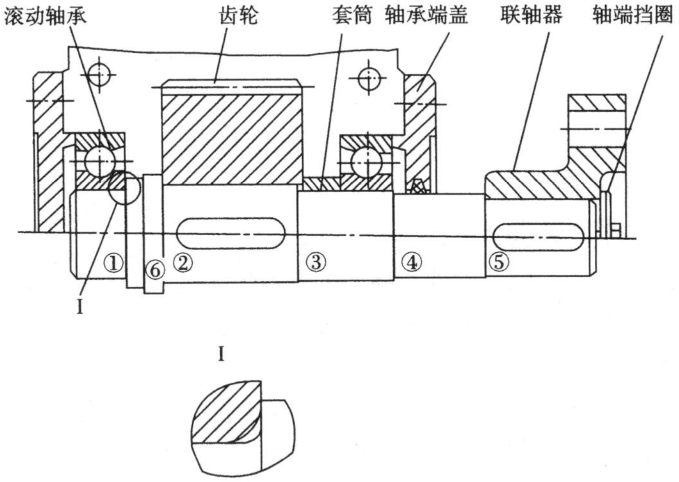

图 3–9　阶梯轴结构示例

2. **阶梯轴的结构**

（1）轴肩。轴直径变化所形成的台阶，如图 3–9 中的 I 处。轴肩又分为定位轴肩和非定位轴肩。

（2）轴环。两轴肩之间距离很小，且呈环状的轴段，如图 3-9 中⑥段。轴环一般用作轴向定位。

（3）过渡圆角。在轴截面尺寸发生急剧变化的地方，设置过渡圆角，如图 3-9 中放大图所示。过渡圆角可减缓轴截面尺寸的变化，降低应力集中，提高轴的疲劳强度。

（4）倒角。为了便于装配零件并去毛刺，轴端制出 45°的倒角，如图 3-9 中轴的两端。

（5）中心孔。轴的两端常设有中心孔以保证加工时各轴段的同轴度和尺寸精度。

（6）退刀槽。在车制螺纹的轴段上应有螺纹退刀槽，以便于加工。如图 3-10 所示，一般螺纹退刀槽宽度 $b \geq P$（P 为螺距）。

（7）越程槽。在磨削的轴段应留出砂轮越程槽，以便于加工。如图 3-11 所示，砂轮越程槽的宽度 $b = 2 \sim 4$mm，深度 $a = 0.5 \sim 1$mm。

（8）装配锥度。有较大过盈配合处的压入端应采用锥形结构，以使零件能顺利地压入，如图 3-12 所示。

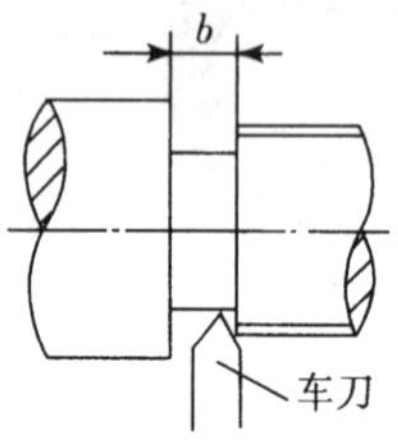

图 3-10　螺纹退刀槽

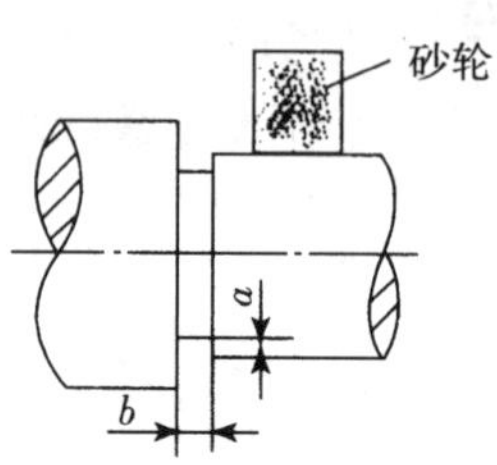

图 3-11　砂轮越程槽

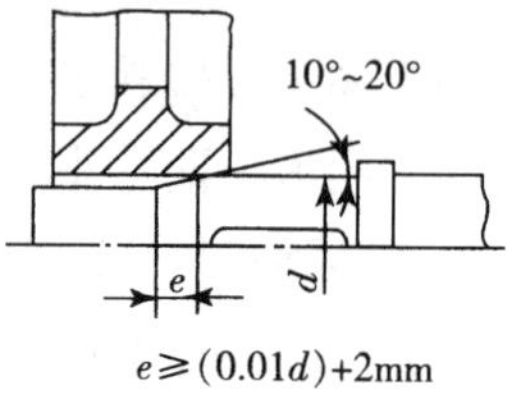

图 3-12　装配锥度

轴上直径相近处的圆角、倒角、键槽、退刀槽、砂轮越程槽等尺寸应尽可能一致，当轴上有多个键槽时，应布置在同一母线上，以减少刀具规格和换刀次数，便于加工。

四、轴上零件的定位

为确保轴能支撑轴上零件并传递转动和转矩、正常地工作，轴上的零件相对轴沿轴线方向不能有相对的移动、沿圆周方向不能有相对的转动。因此，轴上零件沿轴向和周向要有对应的定位结构。

（一）轴上零件的轴向定位

轴向定位的目的是限制轴上零件与轴发生相对的移动，轴上零件的轴向定位是以轴肩、套筒、圆螺母、轴端挡圈和轴承端盖等来保证的，如图 3-9 所示。

1. 轴肩定位

如图 3-9 所示，利用轴肩定位是最方便可靠的方法，但采用轴肩就必然会使轴的直径加大，而且轴肩处会因为截面突变而引起应力集中。另外，轴肩过多也不利于加工。因此，轴肩定位多用于轴向力较大的场合。

2. 套筒定位

如图 3-9 所示，结构简单，定位可靠，轴上不需开槽、钻孔和车制螺纹，因而不影响轴的疲劳强度，一般用于轴上两个零件之间的定位。如两零件的间距较大时，不宜采用套筒定位，以免增大套筒的质量及材料用量。因套筒与轴的配合较松，如轴的转速很高时，也不宜采用套筒定位。

3. **圆螺母定位**

可承受大的轴向力，但轴上螺纹处有较大的应力集中，会降低轴的疲劳强度，故一般用于固定轴端的零件，有双圆螺母正压[如图 3–13(a)所示]和圆螺母与止动垫片[如图 3–13(b)所示]两种形式。当轴上两零件间距离较大不宜使用套筒定位时，也常采用圆螺母定位。

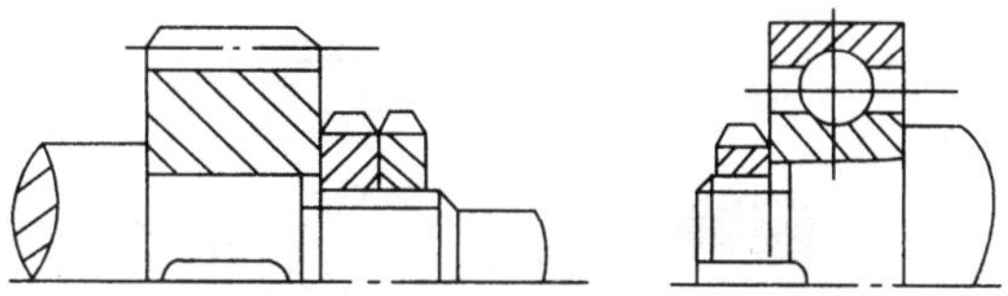

(a)双圆螺母　　(b)圆螺母与止动垫片

图 3–13　圆螺母定位

4. **轴端挡圈定位**

适用于固定轴端零件，可以承受较大的轴向力，如图 3–9 中的轴端所示。

5. **轴承端盖定位**

轴承端盖用螺钉或榫槽与箱体连接而使滚动轴承的外圈得以轴向定位。在一般情况下，整个轴的轴向定位也常利用轴承端盖来实现，如图 3–9 所示。

6. **其他定位结构**

利用弹性挡圈[如图 3–14(a)所示]、锁紧挡圈[如图 3–14(c)所示]及紧定螺钉[如图 3–14(b)所示]等进行轴向定位，只适用于零件上的轴向力不大之处。紧定螺钉和锁紧挡圈常用于光轴上零件的定位。对于承受冲击载荷和同心度要求较高的轴端零件，也可采用圆锥面定位[如图 3–14(d)所示]。

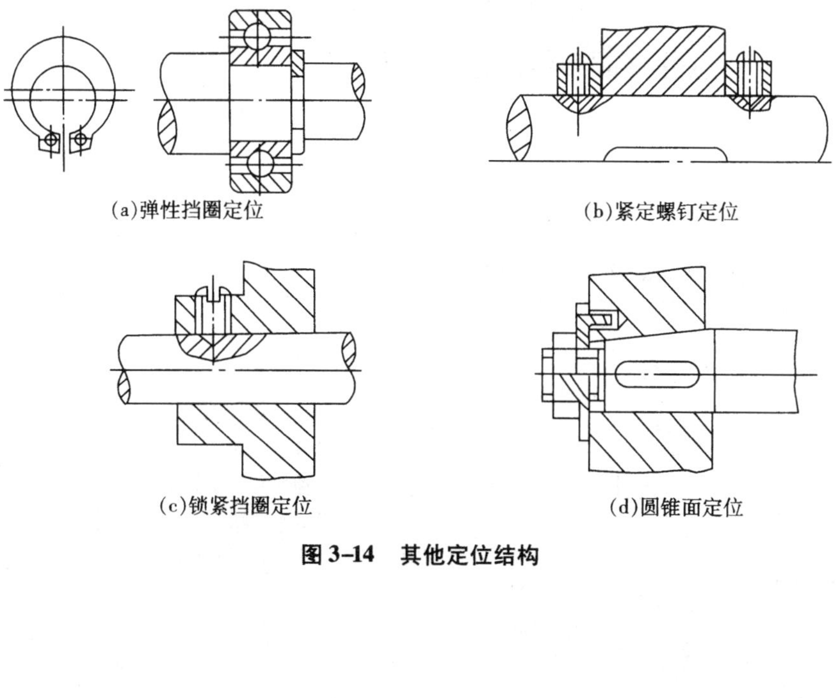

(a)弹性挡圈定位　　(b)紧定螺钉定位

(c)锁紧挡圈定位　　(d)圆锥面定位

图 3–14　其他定位结构

（二）轴上零件的周向定位

周向定位的目的是限制轴上零件与轴发生相对转动，并传递转动和转矩。轴上零件与轴的周向定位所形成的连接称为轴毂连接。常用的周向定位一般采用键、销以及过盈配合等轴毂连接方法。

1. 键联接

用来联接轴与轴上零件，起传递扭矩的作用，如图 3–15 所示。

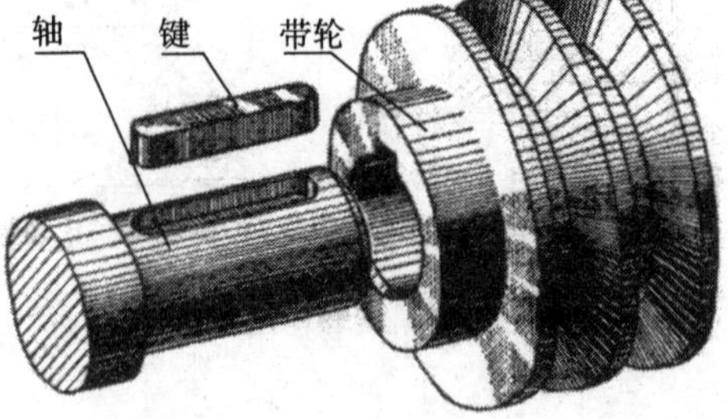

图 3–15　键联接

键的类型有多种：平键、半圆键、楔键、花键等（如图 3–16 所示），不同类型键的特点和应用见表 3–1。

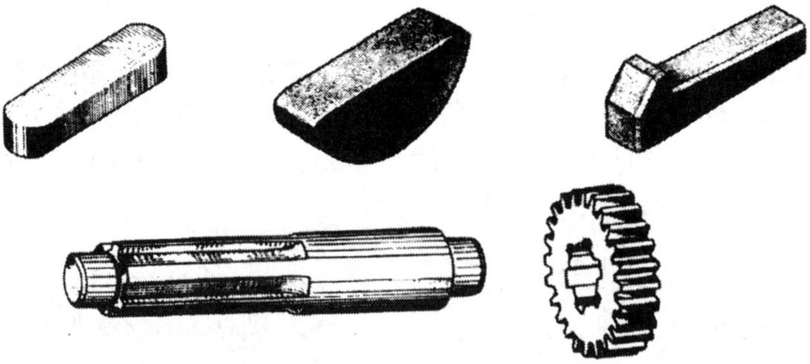

图 3–16　不同类型的键

表 3–1　键和键联接的类型、特点和应用

联接类型	键的类型	图　　例	特　　点	应　　用
平键联接	普通平键	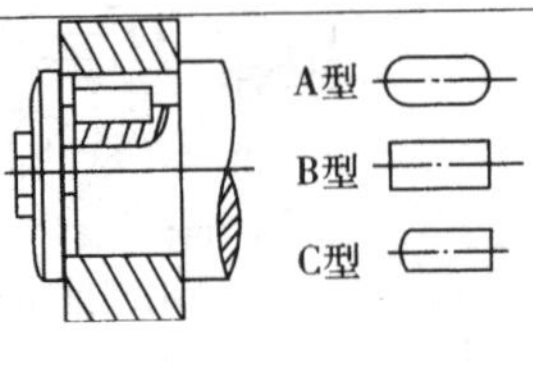	A 型用于端铣刀加工的轴槽，键在槽中固定良好 B 型用于盘铣刀加工的轴槽，轴的应力集中较大 C 型用于轴端，对中良好，结构简单，装拆方便	应用最广，适用于高精度、高速或承受变载、冲击的场合

续表

联接类型	键的类型	图例	特点	应用
平键联接	导向平键	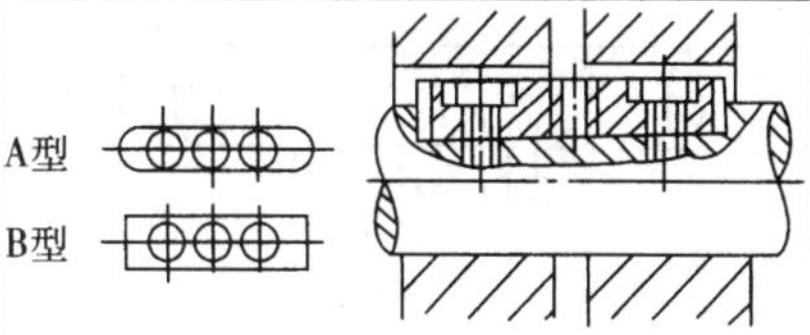	靠侧面工作，对中性好，结构简单，轴上零件可沿轴向移动	用于轴上零件轴向移动量不大的场合，如变速箱中的滑移齿轮
	滑键	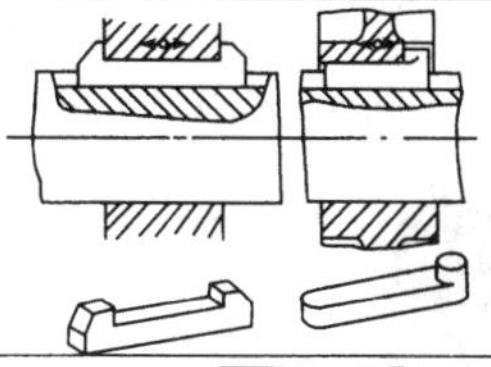	将键固定在轴上零件的轮毂内，工作时轮毂带键一起沿轴上的键槽滑动	用于轴上零件轴向移动量较大的场合。如车床中光杠
半圆键联接	半圆键	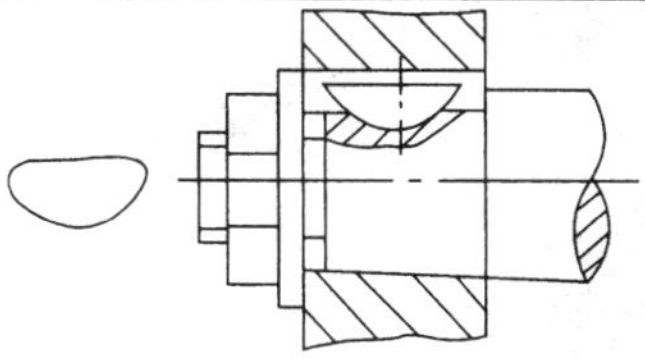	靠侧面传递转矩。键在轴槽中能摆动，装配方便。键槽较深，对轴的削弱较大	一般用于轻载，适用于轴的锥形端部
楔键联接	普通楔键	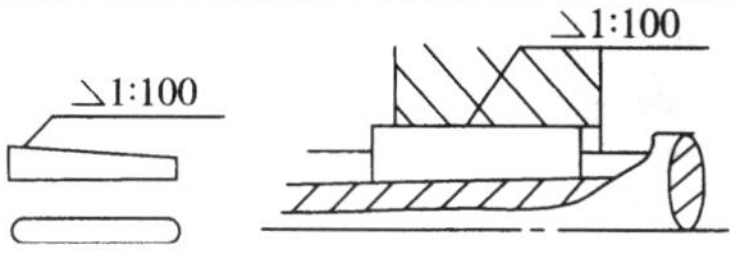	键的上下两面是工作面，键的上表面和毂槽的底面各有1∶100的斜度，装配时需打入，靠楔紧作用传动转矩	用于精度要求不高，转速较低时传递较大的、双向的或有振动的转矩
花键联接	矩形花键	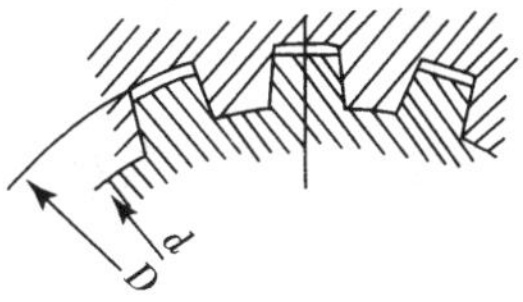	多齿工作，承载能力高，对中性好，导向性好，齿根较浅，应力集中较小，轴与毂强度削弱小	应用广泛。如飞机、汽车、拖拉机、机床制造业、农业机械及一般机械传动装置等等
	渐开线花键	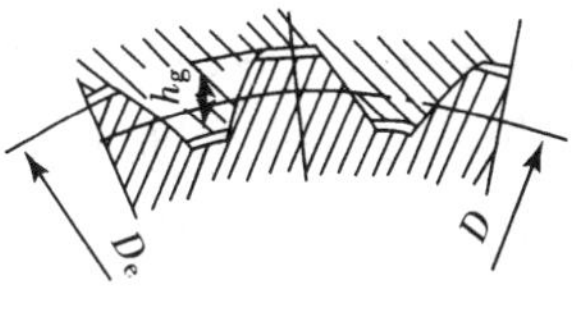	齿廓为渐开线，受载时齿上有径向力，能起自动定心作用，使各齿受力均匀，强度高，寿命长。加工工艺与齿轮相同，易获得较高精度和互换性。渐开线花键标准压力角有30°和45°两种	用于载荷较大、定心精度要求较高、以及尺寸较大的联接

2. **销联接**

销联接用于轴毂间或其他零件间的联接，销联接既可作轴向定位，也可作周向定位，并能传递较小的载荷。销按形状分为圆柱销、圆锥销、开口销三类。如图3–17所示。

（1）圆柱销。用于不常拆卸处。因为圆柱销靠过盈与销孔配合，销孔需铰制，多次装拆后会降低定位的精度和连接的紧固。

（2）圆锥销。用于经常拆卸处。圆锥销具有1∶50的锥度，小头直径为标准值，销孔需铰制，安装方便，自锁性能好，定位精度高，可多次装拆而不影响定位精度。

（3）开口销。又称异形销，主要起防松作用，不用于传递动力。

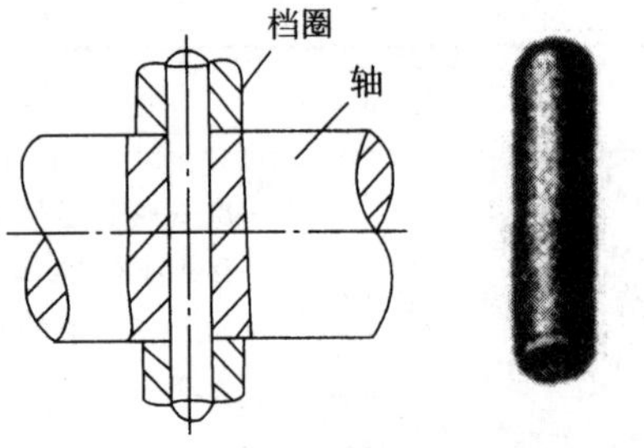

(a)圆柱销

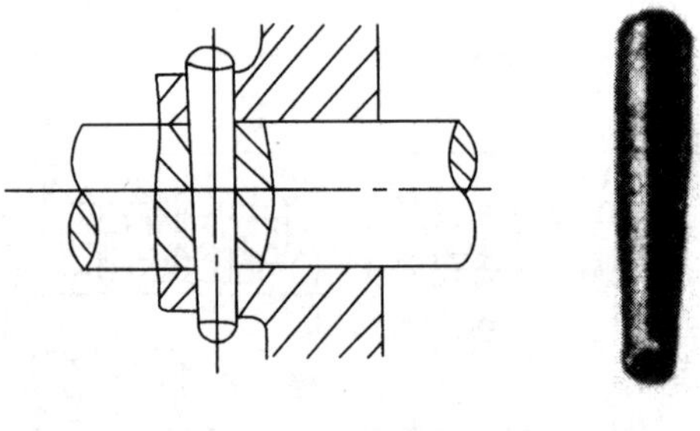

(b)圆锥销

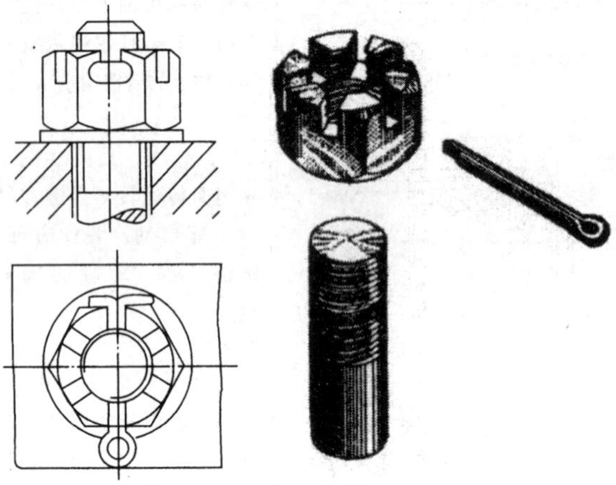

(c)开口销

图 3–17　销的类型

3. 过盈配合

过盈配合是利用材料的弹性，用压入、温差或液压等方法装配，使轴和毂孔之间相互压紧，从而把两者联接起来。它既能实现周向固定传递转矩，又能实现轴向固定传递轴向力。

过盈联接的配合表面多为圆柱面，为了便于装配，一般在配合轴段的一端制成锥形结构，如图 3–15 所示。过盈联接结构简单，定心性好，承载能力大，受变载荷和冲击载荷的能力好，还可以避免轴因铣制键槽而削弱强度。但配合面加工精度要求较高，装拆不便。主要用于受冲击载荷的零件和轴的联接。

习　题

一、选择题

1. ____________能对轴上零件作轴向定位；____________能对轴上零件作周向定位；____________能对轴上零件既作轴向定位，又作周向定位。

A. 轴承端盖　B. 销联接　C. 平键联接　D. 弹簧挡圈

E. 套筒　F. 过盈配合　G. 轴肩

2. 在平键联接中，若键槽位于轴的中间部位，并要求键在槽中轴向定位良好时，应选择______________平键为好。

A. 圆头（A 型） B. 平头（B 型） C. 单圆头（C 型）

二、识图题

如图 3–18 所示轴结构，轴头是________；轴颈是________；轴身是________；轴环是________；越程槽是________。

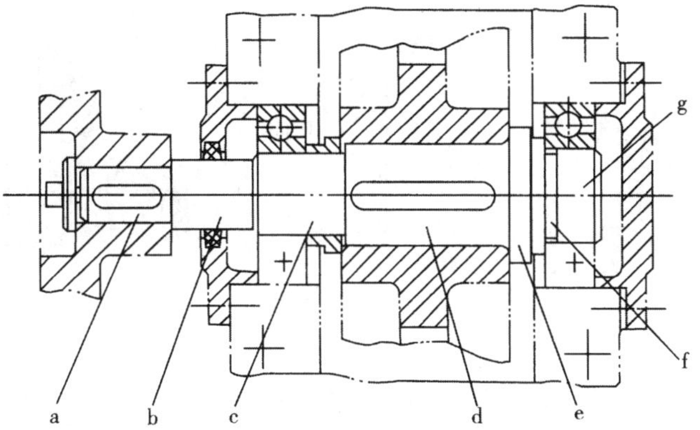

图 3–18

三、简答题

1. 转轴为何多制成阶梯轴?

2. 简述导向平键与普通平键的区别。

第二节 轴承

【任务】如图 3–19 所示，用于支撑印版滚筒轴的是轴承，滚筒轴承是重要的承载零件，它可以减少轴旋转时的阻力，减少轴的磨损，保证旋转精度。

根据轴承工作的摩擦性质不同，可分为滑动轴承和滚动轴承。按其承受载荷方向的不同，可分为向心轴承、推力轴承、向心推力轴承。

图 3–19 印版滚筒轴颈处的轴承

一、滑动轴承

滑动轴承具有工作平稳、噪声小、耐冲击能力和承载能力大等优点，因此，在高速、重载、高精度及结构要求对开等场合下，如汽轮机、内燃机、大型电机、机床、铁路机车等机械中得到了广泛应用。

（一）滑动轴承的结构

滑动轴承一般由轴瓦与轴承座构成。滑动轴承根据它所承受载荷的方向，可分为向心滑动轴承（主要承受径向载荷）和推力滑动轴承（主要承受轴向载荷）。常用向心滑动轴承的结构形式，有整体式、剖分式两种。

1. **向心滑动轴承**

（1）整体式向心滑动轴承。图 3–20 所示是一种常见的整体式向心滑动轴承，用螺栓与机架联接。轴承座孔内压入用减摩材料制成的轴瓦（或叫轴套），为了润滑，在轴承座顶部可装油杯，轴套上有进油孔，并在内表面开轴向油沟以分配润滑油。

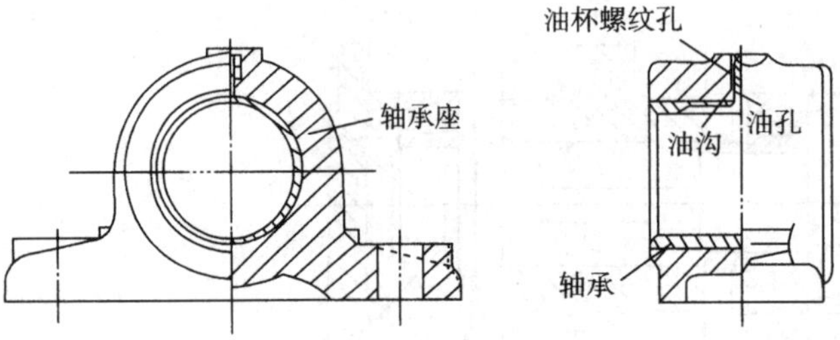

(a)结构图

(b)实物图

图 3–20　整体式向心滑动轴承

整体式滑动轴承也可以在机架上直接做出轴承孔，再压入轴套来实现。

整体式滑动轴承的最大优点是构造简单，但有下列缺点：轴承工作表面磨损过大时无法调整轴承间隙；轴颈只能从端部装入，这对粗重的轴或具有中间轴颈的轴安装不便，甚至无法安装。为克服这两个缺点，可采用剖分式滑动轴承。

（2）剖分式向心滑动轴承。剖分式滑动轴承如图 3–21 所示，由轴承座、轴承盖、剖分轴瓦（分为上、下瓦）及座盖联接螺栓等组成。

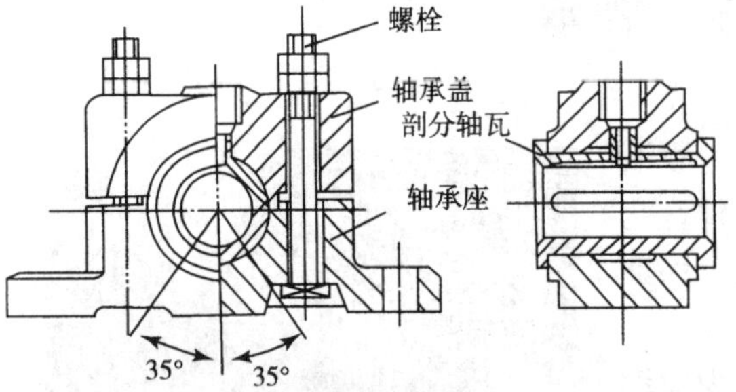

(a)结构图

(b)实物图

图 3–21　剖分式向心滑动轴承

剖分式滑动轴承装拆方便，轴瓦与轴的间隙可以调整，应用广泛。

2. **推力滑动轴承**

主要承受轴向载荷，如图 3–22 所示。

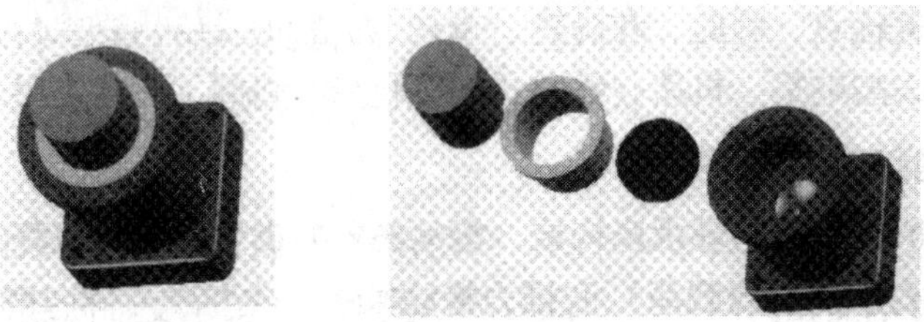

图 3–22　推力滑动轴承

二、滚动轴承

滚动轴承具有摩擦阻力小、效率高、润滑简单、互换性好和启动阻力小等优点，因此其应用十分广泛。其生产已标准化、系列化，有专门厂家生产，供应充足，价格便宜，只需根据使用要求，选择合适的轴承类型和型号即可。

（一）滚动轴承的结构

典型的滚动轴承如图 3-23 所示，一般由内圈 1、外圈 2、滚动体 3 和保持架 4 组成。当内、外圈相对旋转时，滚动体沿内、外圈滚道滚动。保持架的作用是把滚动体彼此均匀地隔开。滚动体是滚动轴承中的关键零件，常用滚动体形状如图 3-24 所示。

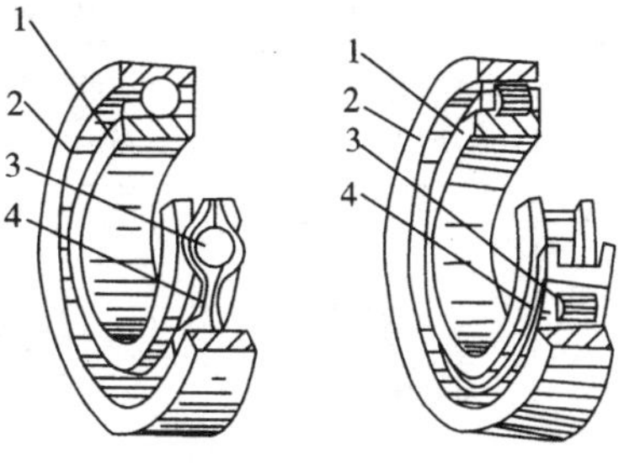

图 3-23　轴承类型结构

1—内圈；2—外圈；3—滚动体；4—保持架

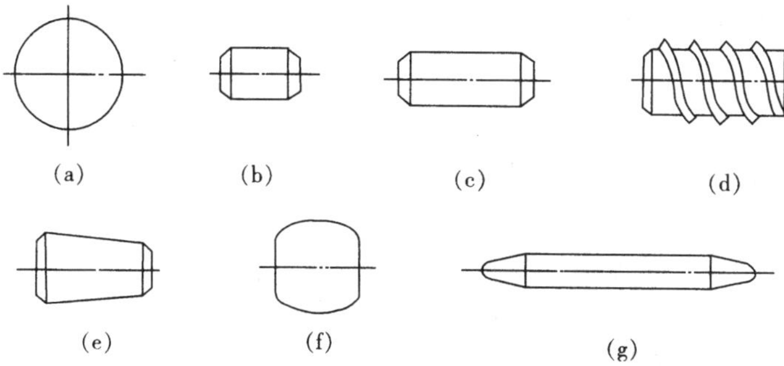

图 3-24　常用轴承滚动体

滚动体与内、外滚道要求具有较高的硬度和接触疲劳强度，同时要求具有良好的耐磨性和抗冲击韧性，一般用含铬的合金钢（滚动轴承钢）制造，如 $GCrl_5$、$GCrl_5SiMn$ 等，经淬火处理，硬度不低于 60HRC。工作表面需经磨削和抛光。保持架一般用低碳钢板冲压而成，也可用有色金属或塑料制造。

（二）滚动轴承的类型

滚动轴承的分类方法主要有以下六种，但通常按其承受载荷的方向和滚动体的形状进行分类，即第一种和第二种。

1. 按承受载荷的方向或公称接触角的不同分类

滚动轴承可分为向心轴承和推力轴承两大类。向心轴承主要承受径向载荷，其公称接触角 α 为 0°～45°；推力轴承主要承受轴向载荷，其公称接触角 α 为 45°～90°。

各类球轴承的公称接触角 α 及其承载方向见表 3-2，表中的公称接触角 α 是滚动体与套圈滚道接触点处的法线 *n* 与轴承径向平面之间的夹角。α 越大，轴承承受轴向载荷的能力就越大。

表 3-2　滚动轴承公称接触角 α 与承载方向

轴承类型	向心轴承（$0° \leqslant \alpha \leqslant 45°$ 主要承受径向载荷）		推车轴承（$45° < \alpha \leqslant 90°$ 主要承受轴向载荷）	
	径向接触轴承	向心角接触轴承	推力角接触轴承	轴向接触轴承
公称接触角 α	$\alpha = 0°$	$0° < \alpha \leqslant 45°$	$45° < \alpha < 90°$	$\alpha = 90°$
承载方向	只能承受径向载荷（深沟球轴承例外）	能同时承受径向和轴向载荷	能同时承受轴向和径向载荷	只能承受轴向载荷
图例	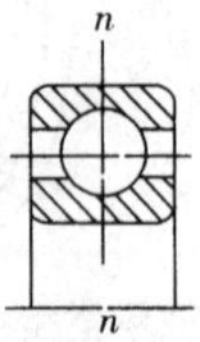	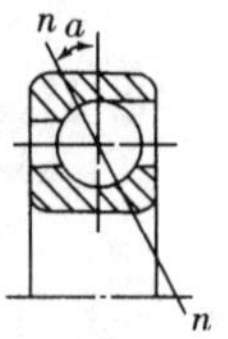	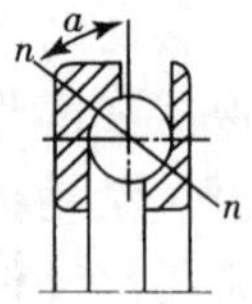	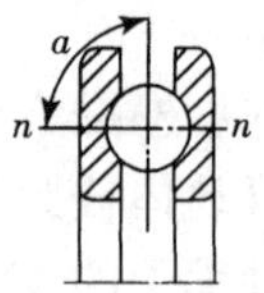

2. **按滚动体的种类分类**

（1）球轴承——滚动体为球。

（2）滚子轴承——滚动体为滚子。滚子轴承按滚子种类，又分为：

①圆柱滚子轴承——滚动体是圆柱滚子的轴承；

②滚针轴承——滚动体是滚针的轴承；

③圆锥滚子轴承——滚动体是圆锥滚子的轴承；

④调心滚子轴承——滚动体是球面滚子的轴承。

3. **按轴承能否调心分类**

①调心轴承——滚道是球面形的，能适应两滚道轴心线间的角偏差及角运动的轴承。

②非调心轴承（刚性轴承）——能阻抗滚道间轴心线角偏移的轴承。

4. **按滚动体的列数分类**

①单列轴承——具有一列滚动体的轴承。

②双列轴承——具有两列滚动体的轴承。

③多列轴承——具有多于两列的滚动体并承受同一方向载荷的轴承，如三列、四列轴承。

5. **按其部件能否分离分类**

①可分离轴承——具有可分离部件的轴承。

②不可分离轴承——轴承在最终配套后，套圈均不能任意自由分离的轴承。

6. **按其外径尺寸大小分类**

①微型轴承——公称外径尺寸范围为 26mm 以下的轴承。

②小型轴承——公称外径尺寸范围为 28～55mm 的轴承。

③中小型轴承——公称外径尺寸范围为 60～115mm 的轴承。

④中大型轴承——公称外径尺寸范围为 120～190mm 的轴承。

⑤大型轴承——公称外径尺寸范围为 200～430mm 的轴承。

⑥特大型轴承——公称外径尺寸范围为 440mm 以上的轴承。

（三）滚动轴承的代号

滚动轴承的代号一般印刻在轴承外圈的端面上，是用以表示轴承的结构、尺寸、公差等级和技术性能等特征的一种符号，由数字和字母组成。

按照 GB/T 272—93 规定，滚动轴承代号包括基本代号、前置代号和后置代号三部分，其排列为：前置代号 —— 基本代号 —— 后置代号，见表 3-3。

基本代号是轴承代号的基础。前置代号和后置代号都是轴承代号的补充，只有在遇到对轴承结构、形状、材料、公差等级、技术要求等有特殊要求时才使用，一般情况可部分或全部省略。

表 3-3　滚动轴承代号的组成

<table>
<tr><td>前置代号</td><td colspan="5">基本代号</td><td colspan="8">后置代号</td></tr>
<tr><td rowspan="3">成套轴承分部件</td><td>五</td><td>四</td><td>三</td><td>二</td><td>一</td><td rowspan="3">内部结构</td><td rowspan="3">密封与防尘套圈变型</td><td rowspan="3">保持架及其材料</td><td rowspan="3">轴承材料</td><td rowspan="3">公差等级</td><td rowspan="3">游隙</td><td rowspan="3">配置</td><td rowspan="3">其他</td></tr>
<tr><td rowspan="2">类型代号</td><td colspan="2">尺寸系列代号</td><td colspan="2" rowspan="2">内径代号</td></tr>
<tr><td>宽度或高度系列代号</td><td>直径系列代号</td></tr>
</table>

1. 基本代号

基本代号是轴承代号的核心，表示轴承的基本类型、结构和尺寸。它由轴承类型代号、尺寸系列代号和内径代号构成。一般由数字或字母与数字组合来表示，最多五位。

（1）内径代号。右起第一、二位数字，表示轴承内径，对 $d=10\sim480$mm 的常用轴承，其内径代号的表示方法见表 3-4。

表 3-4　滚动轴承的内径代号

内径代号（两位数）	00	01	02	03	04 ~ 96
轴承直径/mm	10	12	15	17	代号 ×5

对 d 不在 10 ~ 480mm 内以及 $d=22$mm、28mm、32mm 的内径代号可查机械设计手册。

（2）尺寸系列代号。右起第三、四位数字，第三位数字代表直径系列，第四位数字代表宽度系列（向心轴承）或高度系列（推力轴承）。

对同一内径的轴承，滚动体直径增大，使得轴承的外径和宽度增加，则轴承的承载增大。尺寸系列表示内径相同的轴承可具有不同的外径，而同样的外径又有不同的宽度（或高度），由此用以满足各种不同要求的承载能力。

直径系列，如图 3–25 所示，用一位数字表示。如 0、1 表示特轻系列，2 表示轻系列，3 表示中系列，4 表示重系列等。

宽度系列代号，表示内、外径相同，但宽（高）度不同的系列，用一位数字表示。当宽度系列代号为 0 时可省略，见表 3–5。

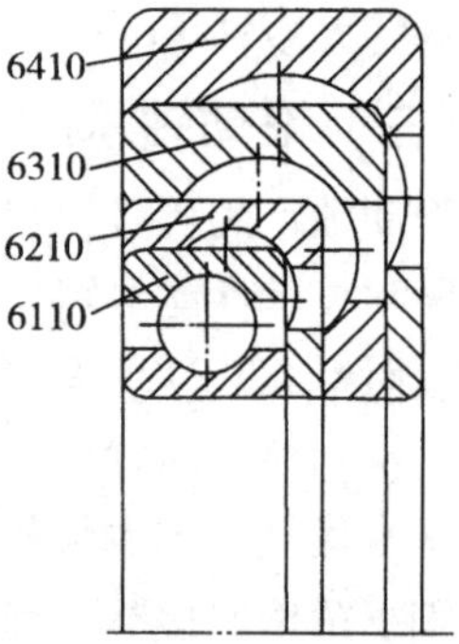

图 3–25　直径系列

表 3–5　尺寸系列代号

项　目			向心轴承						推力轴承					
			宽度系列						高度系列					
			宽度尺寸依次递增						高度尺寸依次递增					
			8	0	1	2	3	4	5	6	7	9	1	2
直径系列	外径尺寸依次递增	7	—	—	17	—	37	—	—	—	—	—	—	—
		8	—	08	18	28	38	48	58	68	—	—	—	—
		9	—	09	19	29	39	49	59	69	—	—	—	—
		0	—	00	10	20	30	40	50	60	70	90	10	—
		1	—	01	11	21	31	41	51	61	71	91	11	—
		2	82	02	12	22	32	42	52	62	72	92	12	22
		3	83	03	13	23	33	—	—	—	73	93	13	23
		4	—	04	—	24	—	—	—	—	74	94	14	24
		5	—	—	—	—	—	—	—	—	—	95	—	—

（3）类型代号。表示轴承的类型，用一位数字或一至二位字母表示，见表 3–6，如图 3–26 所示为各种类型轴承的实物图。

表 3–6　常用的滚动轴承类型、尺寸系列代号、基本代号和特点

类型代号	轴承类型及标准号	简　图	承载方向	特　点
1	调心球轴承	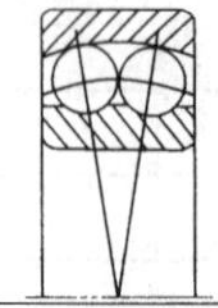	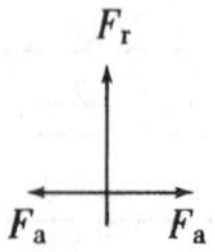	承受径向载荷为主，一般不宜承受纯径向载荷；能自动调心，允许角偏差≤2°～3°；适用于多支点传动轴、刚性较小的轴以及难以对中的轴
2	调心滚子轴承	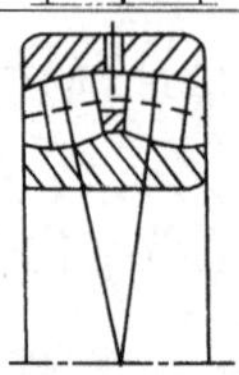	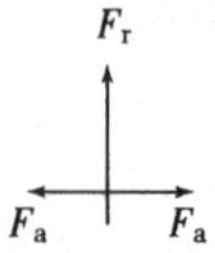	性能和特点与调心球轴承基本相同，但承载能力大些；允许角偏差≤1.5°～2.5°；常用于轧钢机、大功率减速器、吊车车轮等重载情况

续表

类型代号	轴承类型及标准号	简　图	承载方向	特　点
3	圆锥滚子轴承	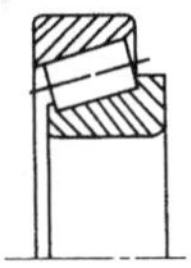	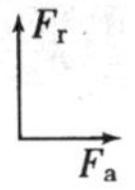	可同时承受径向和单向轴向载荷；外圈可分离，轴承间隙容易调整。允许角偏差2°；常用于斜齿轮轴、锥齿轮和蜗杆减速器轴等；一般成对使用
5	推力球轴承	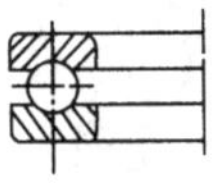	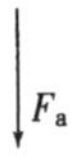	只能承受一个方向的轴向载荷，可限制轴（外壳）一个方向的轴向位移。极限转速低
6	深沟球轴承	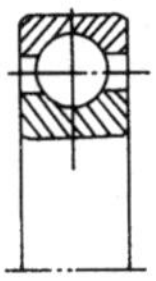	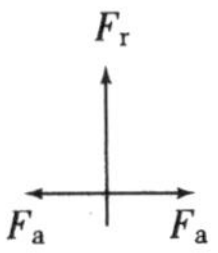	主要承受径向载荷，也能承受一定的轴向载荷；极限转速高，高速时可用来承受不大的纯轴向载荷；承受冲击能力差；价格低廉，应用最广；允许角偏差≤2°～10°；适用于刚性较大的轴，常用于机床齿轮箱、小功率电动机等
7	角接触球轴承	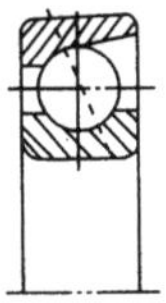	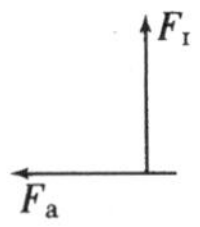	可同时承受径向和单向轴向载荷；接触角α越大，承受轴向载荷的能力越大，一般成对使用；高速下能正常工作；允许角偏差≤2°～10°；适用于刚性较大的轴，常用于斜齿轮及蜗杆减速器中轴的支承等
N	圆柱滚子轴承	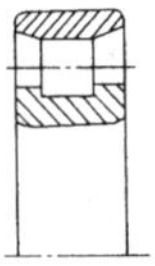		承受径向载荷的能力大，能承受较大的冲击载荷；内、外圈可分离；允许角偏差≤2°～4°；适用于刚性较大、对中性良好的轴，常用于大功率电机、人字齿轮减速器等
NA	滚针轴承	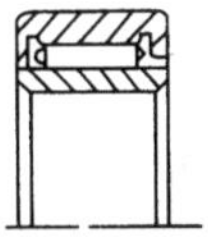		滚动体为滚针，长径比约为3～10。径向尺寸小，承受径向载荷能力大，不能承受轴向载荷。适用于径向尺寸受限制而轴的刚度较大的场合，一般没有保持架，因此极限转速低

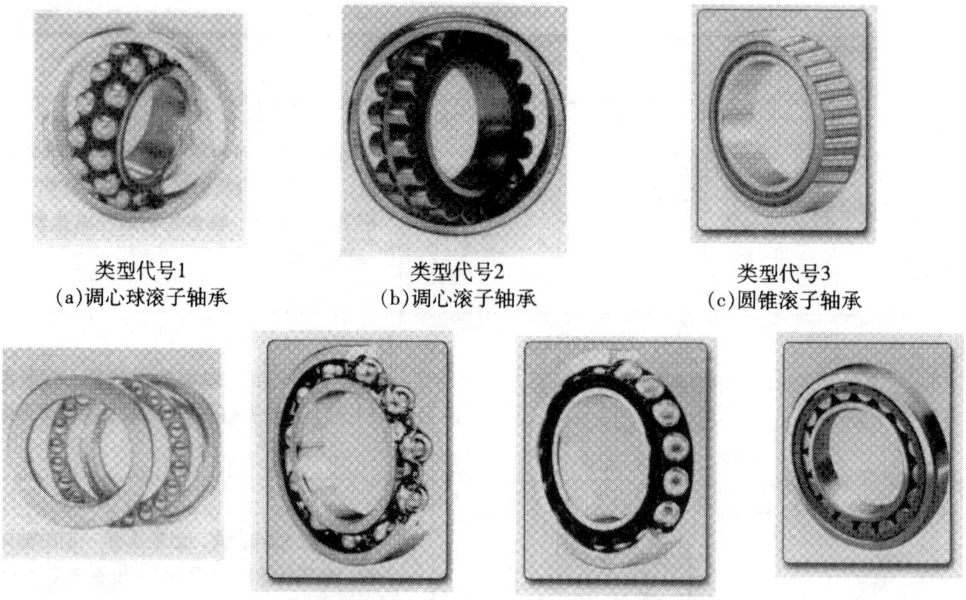

类型代号1
(a)调心球滚子轴承

类型代号2
(b)调心滚子轴承

类型代号3
(c)圆锥滚子轴承

类型代号5
(d)推力滚动轴承

类型代号6
(e)深沟球轴承

类型代号7
(f)角接触球轴承

类型代号N
(g)圆柱滚子轴承

图 3–26　常用类型轴承实物与代号

2. **前置和后置代号**

前置代号，即用字母表示成套轴承的分部件。例如：L 表示可分离轴承的可分离内圈或外圈，K 表示滚子和保持架组件，KIW 表示无座圈推力轴承等。

后置代号用字母或数字表示，包含轴承的内部结构、材料、公差等级、游隙和其他特殊要求等内容，下面介绍常用的几个代号。

(1) 内部结构代号。表示不同的内部结构，用紧跟在基本代号后的字母表示，例如，表 3–6 中的“7”类轴承，接触角 $\alpha=15°$时用字母 C 表示，接触角 $\alpha=25°$时用字母 AC 表示，接触角 $\alpha=40°$时用字母 B 表示。

(2) 公差等级代号。滚动轴承公差等级分为 0、6、6x、5、4、2 六级，依次由低级到高级。公差等级代号标注方法为在轴承代号后写/P6、/P6x、/P5、/P4、/P2，如 6208/P6 。0 级为普通级，应用最广，不标注。

【例 3–1】分别说明 6208、51103/P6、7310C/P5 轴承代号的意义。

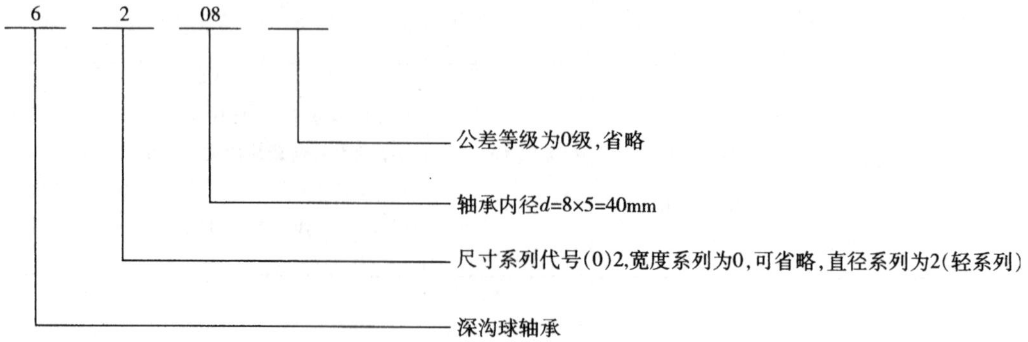

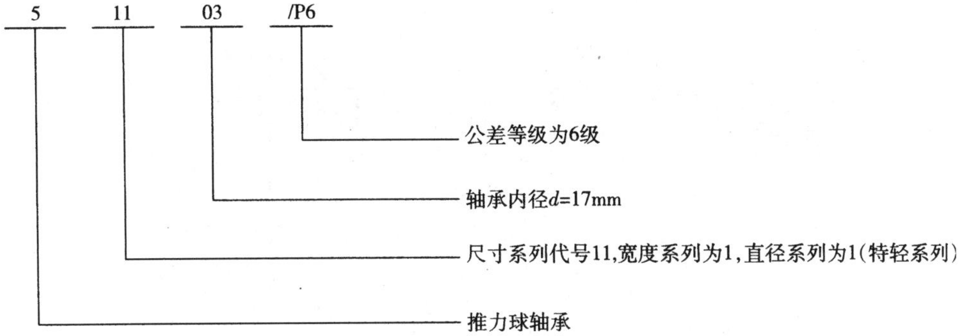

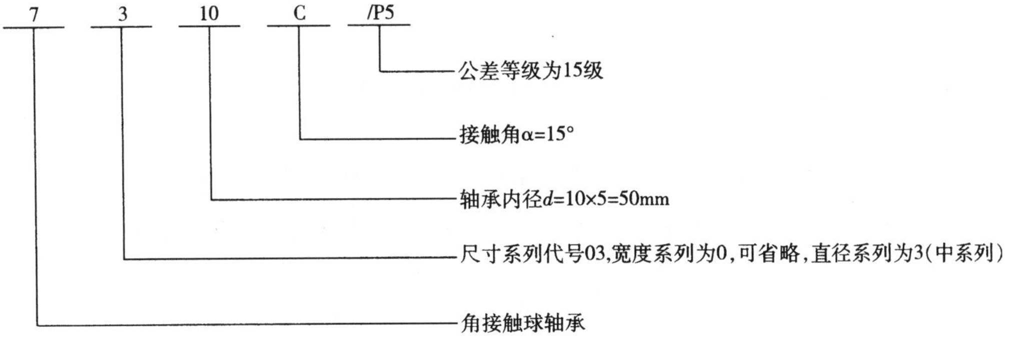

（四）滚动轴承的安装与预紧

1. 安装轴承

当装配小型轴承时，可使用手锤与简单的辅助套筒，如图 3–27 所示。而对于中、小型轴承，可用各种液压机，安装时，液压机在内圈上施加压力，将轴承压套到轴颈上；对于较大的中、大型轴承，常采用温差法装配，轴承放入热油中加热后，将轴承套入轴颈。加热温度一般为 80 ~ 100℃，不允许超过 120℃。

2. 轴承的预紧

为提高回转精度，消除间隙，通常在轴承安装时设法在内、外圈间施加一定的轴向力，使滚动体与内、外圈接触处产生一定的初变形而处于压紧状态，从而达到预紧的目的。

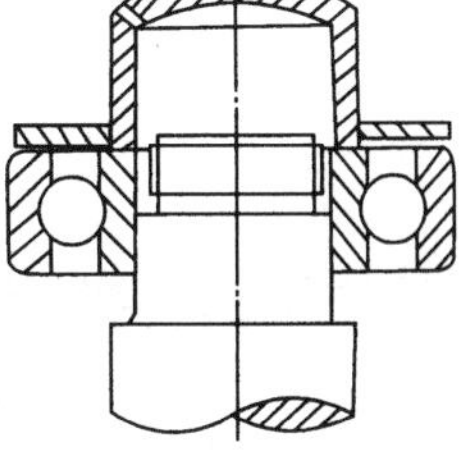
图 3–27　用手锤和套筒安装轴承

常用的预紧方法如图 3–28 所示，图(a)是用螺纹端盖推压轴承外圈进行预紧；图(b)是在一对轴承的内、外圈之间，装入长度不等的套筒预紧；图(c)是在一对轴承的内套圈端面间加装金属垫片来预紧；图(d)是用弹簧推压轴承外圈进行预紧。

（五）滚动轴承的调整

轴承装入机座后，需要进行细致的调整。一方面是为了保证轴承中有正确的游隙，另一方面是为调整轴上传动件（例如齿轮、蜗杆等）使它们处于正确的啮合位置。

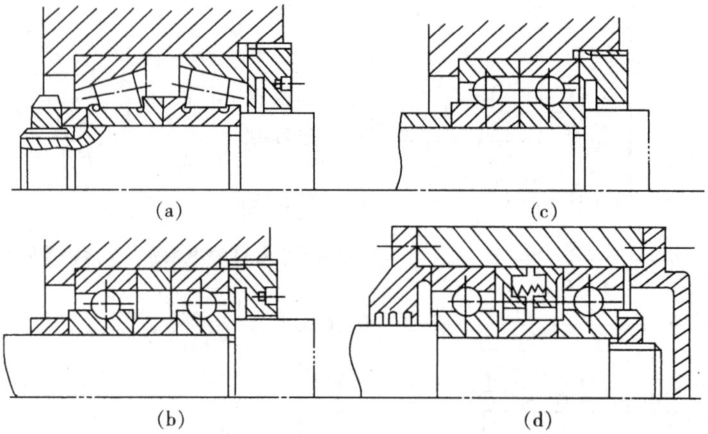

图 3-28　滚动轴承的预紧方法

1. 利用调整垫片或调整螺钉调节轴承间隙

如图 3-29(a)所示是用垫片调整轴承间隙，在轴承端盖与箱体间放一组调整垫片，获得预期的轴向间隙。小型轴承[如图 3-29(b)所示]利用带有螺纹的端盖进行轴向间隙的调节。大型轴承[如图 3-29(c)、(d)所示]可利用端盖上的调节螺钉推压调节环进行调节。

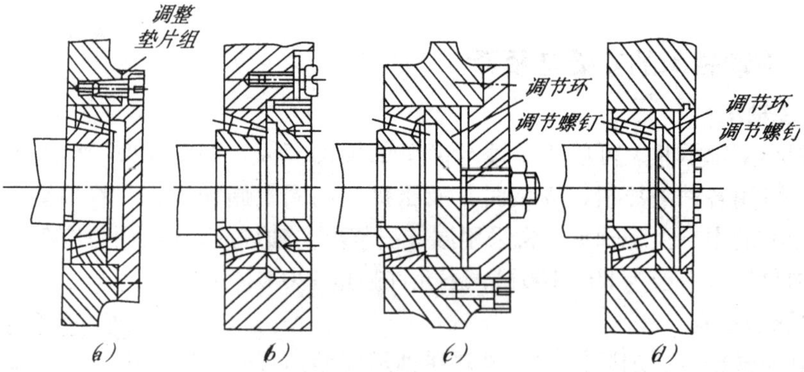

图 3-29　外套圈的轴向调节

2. 利用圆螺母调节轴承间隙

如图 3-30 所示是一对向心角接触轴承反排列的组合形式。它通过旋转轴上圆螺母推压内圈达到调节轴承间隙的目的，增加了悬臂端轴的刚度，有利于齿轮啮合。

（六）滚动轴承拆卸

对于配合较松的小型轴承，可用手锤和铜棒从背面沿轴承内圈四周将轴承轻轻敲出，如图 3-31 所示。

配合较紧的轴承可用压力法或用热卸法拆卸。

压力法：如图 3-32(a)所示用拉杆拆卸器（俗称拉马）。将拉杆拆卸器的 2 ~ 3 个拉爪钩住轴承内圈即可拆下轴承。注意：应在内圈轴肩上留出足够的高度。

热卸法：如图 3-32(b)所示，先将轴承两旁的轴颈用石棉布包好，装好拆卸器，将热机油浇在轴承的内座圈上，待内座圈加热膨胀后，便可借助拆卸器把轴承从轴上拆卸下来。

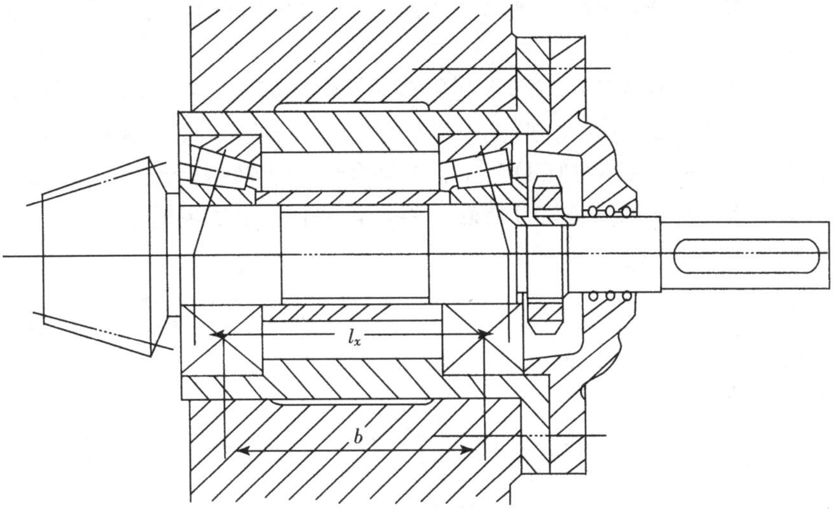

图 3-30　圆锥滚子轴承反排列

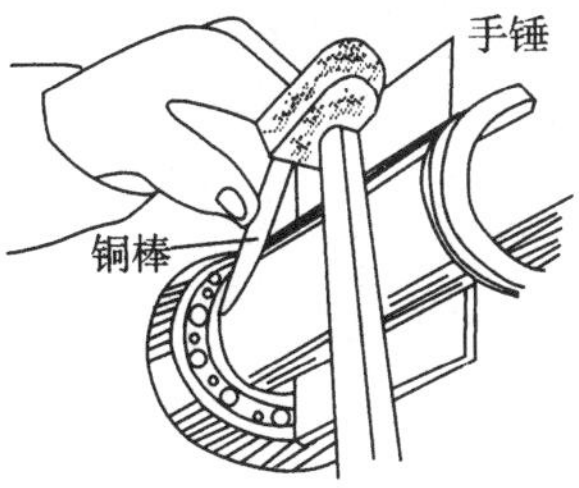

图 3-31　用手锤和铜棒拆出轴承

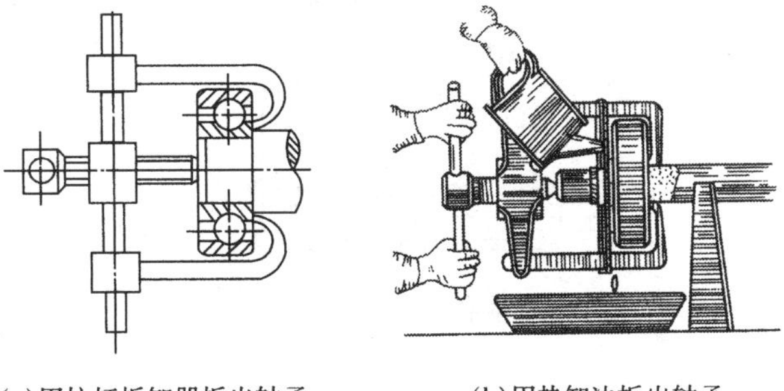

(a)用拉杆拆卸器拆出轴承　　(b)用热卸法拆出轴承

图 3-32　轴承的拆卸方法

三、轴承的润滑与密封

轴承润滑的目的是减小摩擦系数，降低磨损率和功耗，同时有防锈、冷却和吸振作用。

（一）润滑剂

常用的润滑剂有润滑油、润滑脂（俗称黄油）两种。一般来说，通常在低速、重载、工作环境温度较高、有冲击载荷以及不便于加油的轴承中使用黏度大的润滑脂，速度高则应采用黏度较小的润滑油。

（二）润滑方法

润滑油供给方法可以是连续的或间歇的，连续供油比较可靠。连续供油的常用方法有以下几种：

(1) 压力循环供油。如图 3-33(a)所示利用油泵把润滑油通过油管打入轴承中或喷向润滑点。这种方法供油充足，比较可靠，但设备费用较高，适用于重要部位轴承零件的润滑和冷却。

（2）油芯润滑。如图3-33(b)所示利用油芯将油吸到润滑部位，油芯润滑不易调节供油量。

（3）飞溅润滑。如图3-33(c)所示利用转动件将油带入自身或其他润滑部位。最常用自润滑是飞溅润滑，即使转动零件（如齿轮、甩油盘等）浸入油面以下适当深度，转动时把油溅到轴承中。图3-33(d)所示为油环润滑，在轴颈上悬挂一油环，其下部垂浸在油中。当轴旋转时，油环被带动旋转，将油带到轴颈上实现润滑。

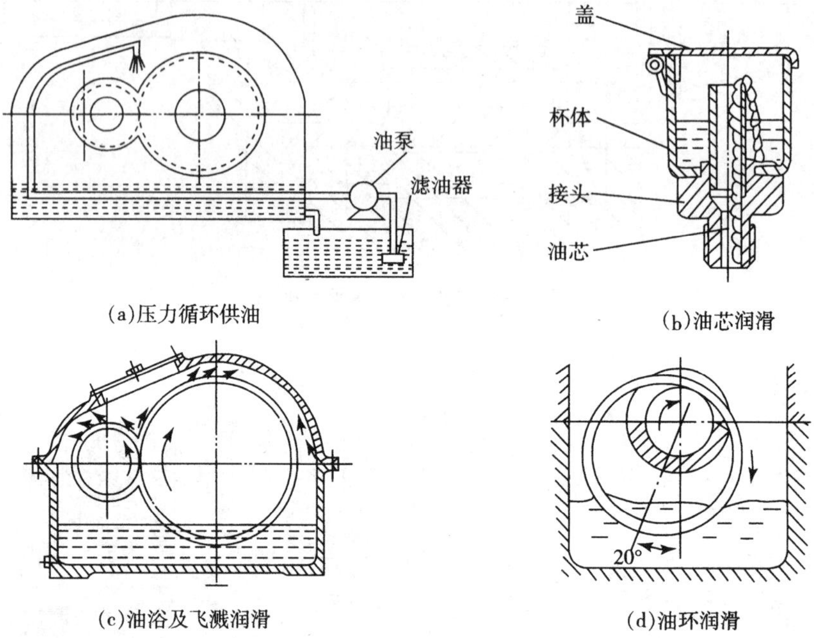

(a)压力循环供油

(b)油芯润滑

(c)油浴及飞溅润滑

(d)油环润滑

图3-33　连续供油

间歇供油靠人工用油壶或油枪定期注入润滑油或润滑脂，如图3-34(a)、(b)所示的油杯或图3-34(c)所示的通过针阀注油油杯。

滑动轴承绝大多数采取油润滑。滑动轴承低速时，采用油杯润滑，高速时采用飞溅、喷油等方式润滑。

滚动轴承低速时，采用脂润滑，润滑脂多由人工填充；转速较高时，采用飞溅、喷油或油雾润滑。

（三）轴端密封

机器的输入轴或输出轴需要伸出机壳外面，与其他机器的轴连接，传递转动和转矩。因此，若使机器的输入轴或输出轴能自如地运转，机壳与轴间一定存在间隙，对这一间隙的密封称为轴端密封。密封的目的在于阻止润滑剂等泄漏，防止灰尘、杂物、水分等入侵机器。轴端密封可分为密封圈密封和非接触式密封两大类。

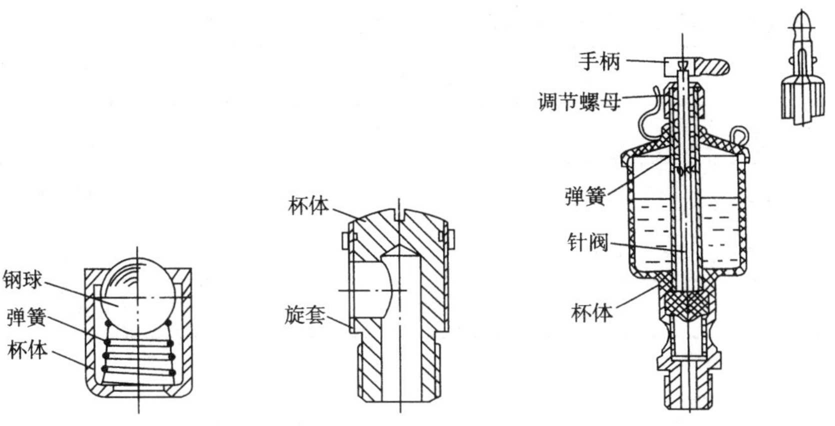

(a)弹子油杯　　(b)旋套式注油油杯　　(c)针阀式注油油杯

图 3-34　间歇供油

1. 密封圈密封

如图 3-35(a)所示为毛毡圈式密封装置，它是在轴承盖（或轴承座）孔内的环槽里装入毛毡圈，将轴与轴承盖间的缝隙密封住。这种密封主要用于脂润滑轴承。如图3-35(b)所示为橡胶圈式密封装置，它是靠橡胶圈本身的弹力保持与轴颈接触而起密封作用。为使接触可靠，常用环状自紧弹簧将橡胶圈卡紧在轴上。这种密封主要用于油润滑轴承。

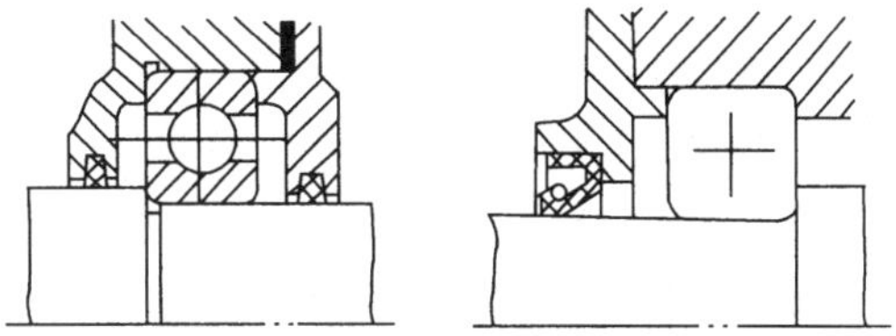

(a)毛毡圈式密封式装置　　(b)橡胶圈式密封式装置

图 3-35　密封圈密封

密封圈密封结构简单，方便可靠，应用广泛。

2. 非接触式密封

这类密封是靠密封件和运动件之间的填充物或曲径实现密封的，用于作回转运动零件的密封。如图 3-36 (a)为沟槽式密封装置，它是利用轴承盖与轴间的细小环形间隙来密封的，适用于脂润滑的密封。如图 3-36(b)为曲路式（又称迷宫式）密封装置，它是利用曲折通路所产生的泄油阻力来密封的，无论是对油润滑还是脂润滑，都十分可靠，其密封效果比沟槽式好得多。

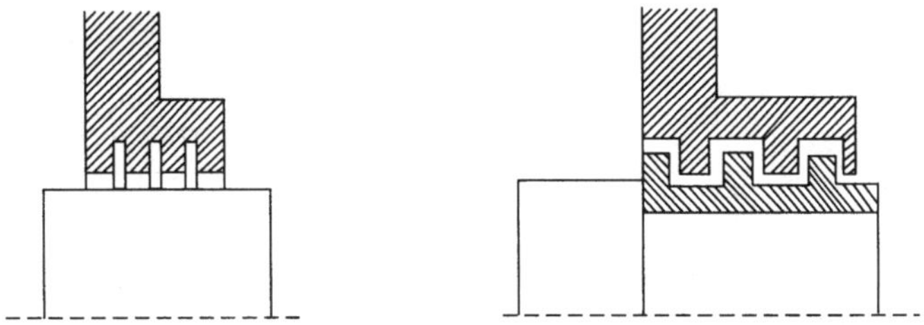

(a)沟槽式密封　　(b)曲路式密封

图 3-36　非接触式密封

机械有各种不同的工况，为满足这些具体的使用要求，需要不同类型的轴承来保证实际需要。表 3-7 为球轴承和滚子轴承的一般特性比较。

表 3-7　球轴承和滚子轴承的一般特性比较

项　目	球　轴　承	滚　子　轴　承
负荷	较小负荷	大负荷
转速	高速	较低速
摩擦	小	较大
耐冲击性	较小	较大

扩展知识

滚动轴承的类型选用

根据滚动轴承各种类型的特点，选择时可参考以下几项原则。

(1) 轴承的载荷。当载荷较大时应选用线接触的滚子轴承。球轴承为点接触，适用于轻载及中等载荷。当有冲击载荷时，常选用螺旋滚子或普通滚子轴承。

对于纯轴向载荷，选用推力轴承。而纯径向载荷常选用向心轴承。既有径向载荷同时又承受轴向载荷的地方，若轴向载荷相对较小，选用向心角接触轴承，或深沟球轴承。当轴向载荷很大时，可选用向心球轴承和推力轴承的组合结构。

(2) 轴承的转速。转速较高时，宜用点接触的球轴承，一般球轴承有较高的极限转速。对于有更高转速要求时，常选用中空转子，或选用超轻、特轻系列的轴承，以降低滚动体离心力的影响。

(3) 刚性及调心性能要求。当支撑刚度要求较大时，可采用成对的向心推力轴承组合结构或采用预紧轴承的方法。当支撑跨距大，轴的弯曲变形大，刚度较低或两个轴承座孔中心位置有误差时，应考虑轴承内外圈轴线之间的偏斜角，需要选用自动调心轴承，可选用球面球轴承或球面滚子轴承，这类轴承允许有较大的偏位角。

习　题

一、填空题

1. 轴承的作用是________________，按摩擦性质可以分为：________轴承和________轴承。

2. 滚动轴承通常由________、________、________、________四部分组成。

3. 滚动轴承可以分为：主要承受径向载荷的__________；只能承受轴向载荷的__________和能同时承受径向载荷和轴向载荷的__________。

4. 在轴端密封装置中，____________用于脂润滑的密封；____________用于油润滑的密封；__________既用于脂润滑又用于油润滑的密封。

二、识图题

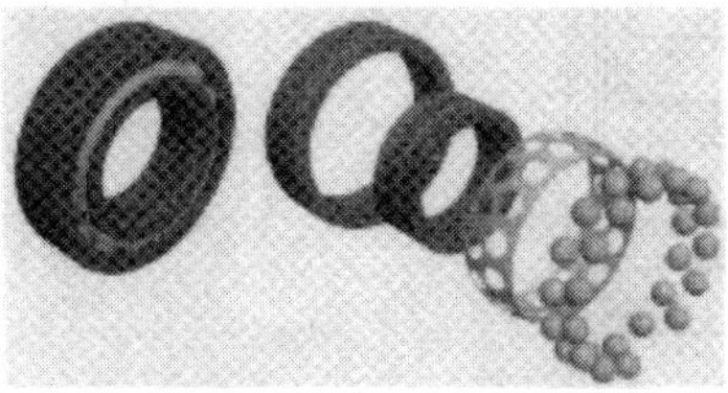

左图为________________轴承，类型代号______，承载方向为____________________，通常应用在__________________________________场合。

左图为________________轴承，类型代号______，承载方向为____________________，通常应用在__________________________________场合。

左图为________________轴承，类型代号______，承载方向为____________________，通常应用在______________________________场合。

三、简答题

1. 说明轴承代号为71109、30208/P5、N211的含义。
2. 常用的润滑剂有哪两种？常用的润滑方法有哪些？

四、课外练习：

1. 观察不同类型的印刷机，搜集印刷机不同位置所用的轴承类型。
   例如：海德堡GTO52水斗辊用的是滚针轴承。
2. 下厂了解印刷机上有哪些部位需要经常润滑，用什么润滑方式和润滑剂。

第三节　螺纹联接

【任务】滚筒体由有效印刷部分和空当部分组成，有效印刷部分上包有印版，用于转印图文，空当部分用以安装印版装夹机构。如图3-37所示为印版装夹机构的简图，版夹螺钉用来夹紧印版，拉版螺钉调节版夹的大小方向，即对印版进行周向定位，顶版螺钉调节版夹的来去方向，即对印版进行轴向定位。

版夹螺钉是如何夹紧印版的？如图3-38所示，当印版插入下版夹2和上版夹4之间后，将紧固螺钉1拧紧，即可把印版夹紧。在卸版时，拧松螺钉1，压簧3将版夹4

自动撑起，便于印版取出。由此可见，版夹的固定是由螺纹联接来实现的。

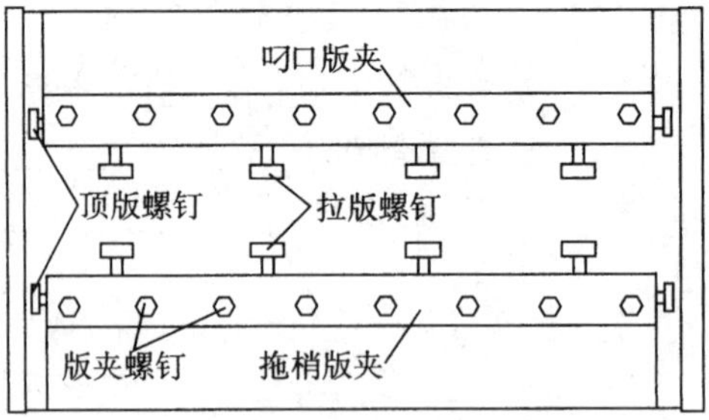

图 3–37　印版装夹机构的简图

通过对任务中印版版夹机构的分析，我们可以看出上下版夹对印版的固定均采用了一种切制螺纹的元件进行联接，这种联接元件就是我们常用的螺纹联接。

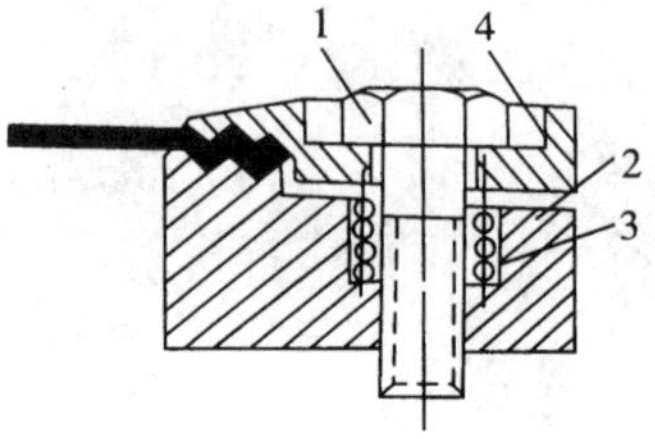

图 3–38　固定式版装夹机构

1—螺钉；2—下版夹；3—压簧；4—上版夹

螺纹联接是利用内螺纹和外螺纹相互旋合组成的螺纹副，通过螺纹的自锁特性而形成的一种可拆联接。由于其构造简单，拆装方便，工作可靠，在工业与生活上应用极广。其参数已标准化，由专业工厂生产，因此成本低廉。

一、常用螺纹联接件

常用的螺纹联接件有螺栓、螺钉、螺母、垫圈等，如图 3–39 所示。

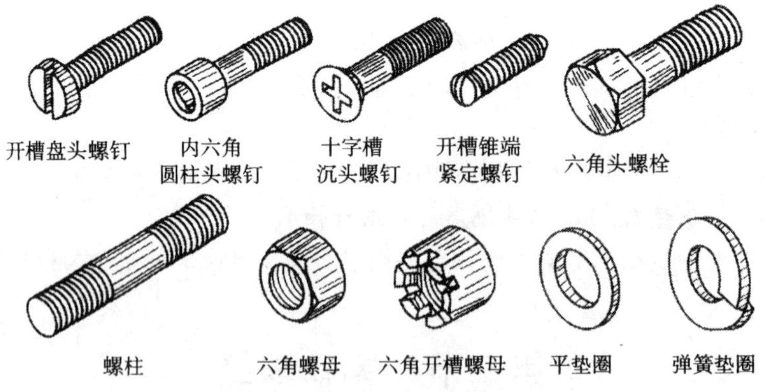

图 3–39　常用螺纹联接件

（1）螺栓。螺栓的头部形状很多，最长用的有六角头和小六角头两种。冷镦工艺生产的小六角头螺栓具有材质利用率高，生产率高，力学性能高和成本低等优点，但由于头部尺寸较小，不宜用于装拆频繁，被联接件强度低和易锈蚀的地方。

（2）双头螺柱。双头螺柱旋入被联接件螺纹孔的一端称为旋入端，另一端为紧固端。

（3）螺钉、紧定螺钉。螺钉、紧定螺钉的头部有内六角头、十字槽头等多种形式，以适应不同的拧紧程度。

紧定螺钉末端要求顶住被联接件之一的表面或相应的凹坑，其末端具有平端、锥端、圆尖端等各种形状。

（4）螺母。螺母的形状有六角形、圆形等。六角螺母有三种不同厚度：薄螺母用于尺寸受到限制的地方，厚螺母用于经常装拆易于磨损之处，圆螺母常用于轴上零件的轴向固定。

（5）垫圈。垫圈的作用是增加被联接件的支撑面积以减小接触处的压强（尤其当被联接件材料的强度较差时）和避免拧紧螺母时擦伤被联接件的表面。普通垫圈呈环状。

螺纹联接件的结构、尺寸都已标准化，使用时可根据螺栓、螺钉所能承受的载荷或结构要求，计算螺纹的公称直径，然后根据其有关标准选用。常用标准螺纹连接件的标记示例见表 3-8。

表 3-8　常用螺纹联接件标记示例

名　称	标记示例	标记格式	说　明
螺栓	螺栓 GB/T 5780—2000 M10×40	名称　标准编号 螺纹代号×公称长度	螺纹规格 d=10mm，公称长度 l=40mm（不包括头部厚度）的 C 级六角头螺栓
螺母	螺母 GB/T 6170—2000 M20	名称　标准编号 螺纹代号	螺纹规格 d=20mm 的 A 级 I 型六角螺母
双头螺柱	螺柱 GB/T 899—1988 M10×40	名称　标准编号 螺纹代号×公称长度	螺纹规格 d=10mm，公称长度 l=40mm（不包括旋入端长度）的双头螺柱
平垫圈	垫圈 GB/T 97．2—2002 8 140HV	名称　标准编号 公称尺寸　性能等级	公称尺寸 d=8mm，性能等级为 140HV 级，倒角型，不经表面处理的平垫圈
螺钉	螺钉 GB/T 67—2000 M10×40	名称　标准编号 螺纹代号　公称长度	螺纹规格 d=10mm，公称长度 l=40mm（不包括头部厚度）的开槽盘头螺钉

二、螺纹联接的基本类型

螺纹联接是利用螺纹零件构成的可拆卸的固定联接。螺纹联接具有结构简单、紧固可靠、装拆迅速方便等特点，因此应用极为广泛。

1．**螺栓联接**

螺栓的一端通常为六角形头部，另一端有螺纹。使用时，穿过被联接件的孔，旋上螺母，利用螺栓头部和螺母压紧，把被联接件接起来，有时在螺母与工件之间加装垫圈，以防止工件表面被螺母压伤。

如图 3-40(a)所示为普通螺栓联接，被联接件的通孔和螺栓杆之间有间隙，螺杆与孔的加工精度要求低，结构简单，装拆方便，应用最广泛。如图 3-40(b)所示为铰制孔螺栓联接，其通孔和螺栓杆之间没有间隙，螺杆和孔的加工精度要求较高，有定位作用。

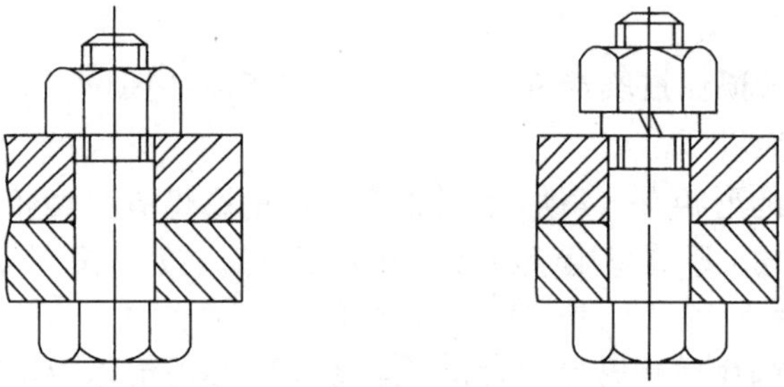

(a) 普通螺栓联接　　(b) 铰制孔螺栓联接

图 3-40　螺栓联接

螺栓联接构造简单，装拆方便，联接强度高，被联接件上不需切制螺纹孔，故应用甚广，主要用于被联接件不太厚、并能从被联接件两边进行装配的场合。

2. **双头螺柱联接**

双头螺柱两头都有螺纹，其中一头旋入并固定在被联接零件之一的螺纹孔内，另一头穿过另一被联接零件的通孔，再拧上螺母把零件联接起来（如图 3-41 所示）。

这种螺纹联接，适用于被联接零件之一厚度较大，不便使用螺栓联接，而又要求经常拆卸的地方。

3. **螺钉联接**

螺钉使用时，不用螺母，螺钉穿过被联接件的通孔，拧入另一个零件的螺纹孔中，便能夹紧零件（如图 3-42 所示）。它的应用场合与双头螺柱相似，但不宜经常装拆，以免损坏被联接件的螺孔。

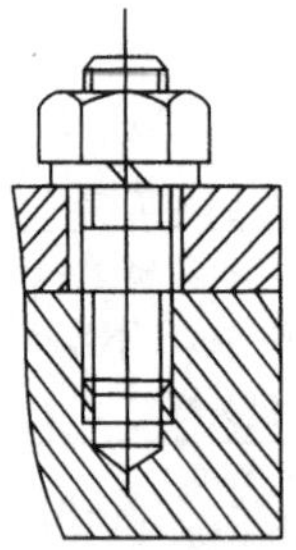

图 3-41　双头螺柱联接

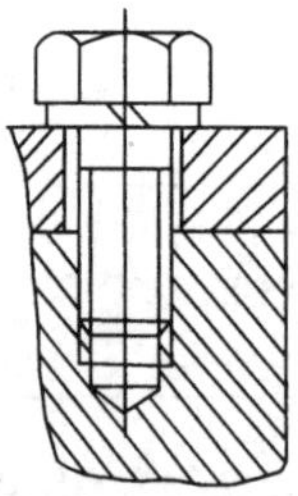

图 3-42　螺钉联接

4. **紧定螺钉**

紧定螺钉用螺杆末端顶住另一零件的表面或顶入另一零件上相应的凹坑中，以确定零件的相对位置，并能传递不大的力和转矩。（如图 3-43 所示）。

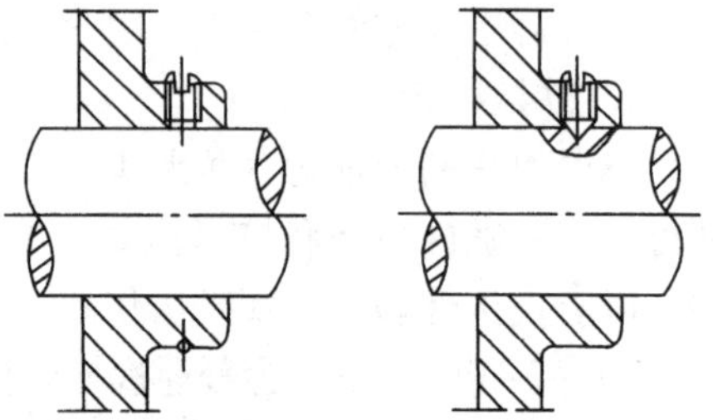

图 3-43　紧定螺钉联接

三、螺纹联接的防松方法

一般的螺纹联接都有自锁性能，在受静载荷和工作温度变化不大时，不会自行脱落。但在受冲击、振动和变载荷作用下，以及工作温度变化很大时，这种联接有可能自行松脱，影响工作，甚至发生事故。为了保证螺纹联接安全可靠，必须采取有效的防松措施。

螺纹联接防松的根本问题在于防止螺纹副的相对转动。防松的方法很多，常用的防松措施有增大摩擦力和机械防松两类，表 3-9 列出了常用的几种防松方法。

表 3-9 常用的防松方法

利用附加摩擦力防松	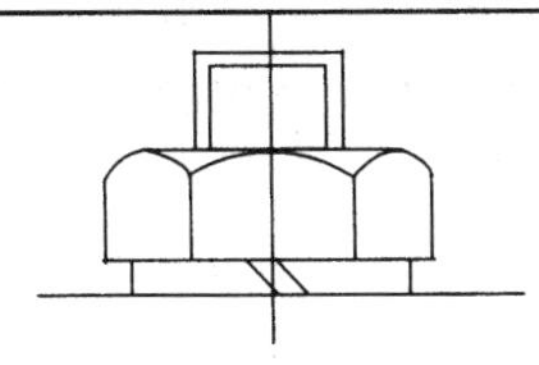 弹簧垫圈	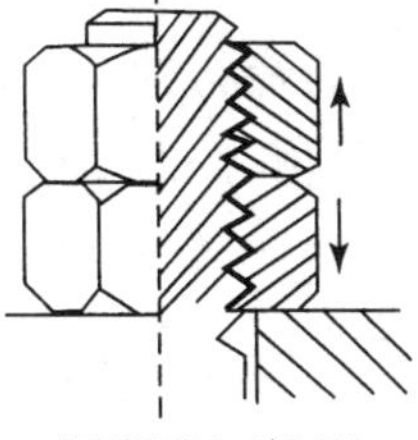 对顶螺母(双螺母)	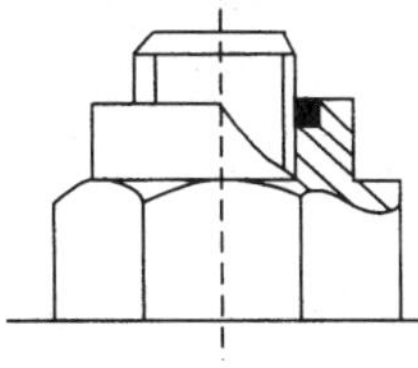 尼龙圈锁紧螺母
	弹簧垫圈材料为弹簧钢，装配后垫圈被压平，其反弹力能使螺纹间保持压紧力和摩擦力	利用两螺母的对顶作用使螺栓始终受到附加的拉力和附加的摩擦力。结构简单，可用于低速重载场合	螺母中嵌有尼龙圈，拧上后尼龙圈内孔被胀大，箍紧螺栓
采用专门防松元件防松	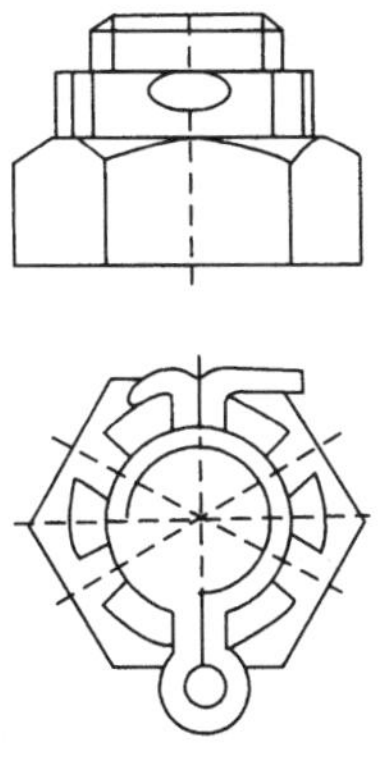 槽形螺母和开口销	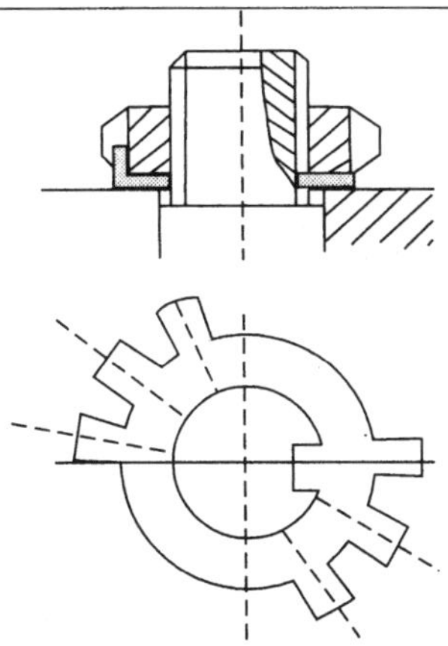 圆螺母用带翅垫片	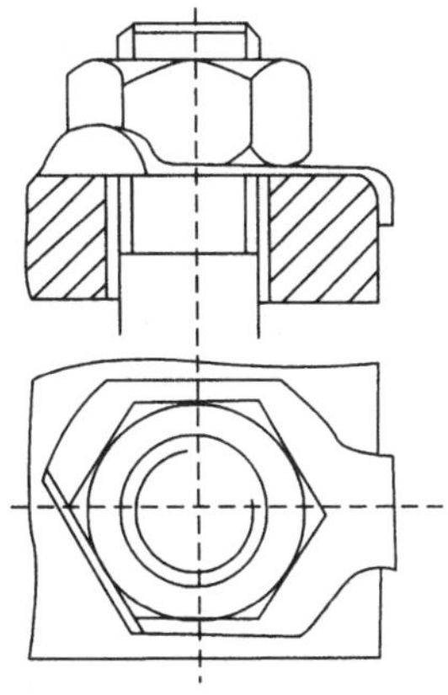 止动垫片
	槽形螺母拧紧后，用开口销穿过螺栓尾部小孔和螺母的槽，也可以用普通螺母拧紧后再配钻开口销孔	使垫片内翅嵌入螺栓（轴）的槽内，拧紧螺母后将垫片外翅之一折嵌于螺母的一个槽内	将垫片折边以固定螺母和被联接件的相对位置
其他方法防松	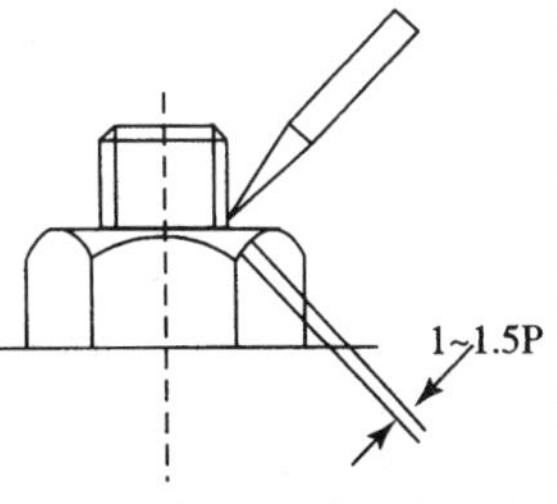 冲点法防松 用冲头冲2~3点	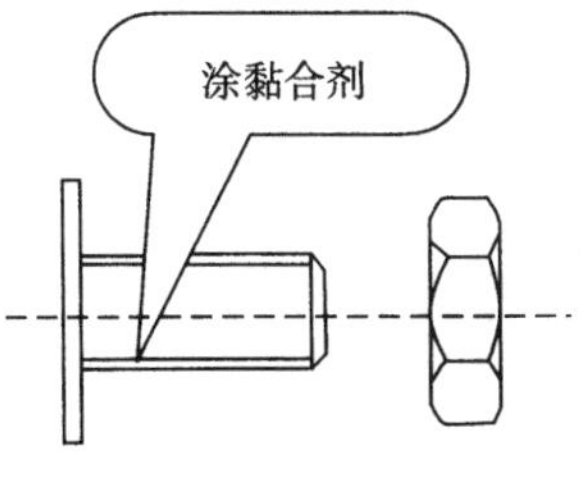 黏合法防松	用黏合剂涂于螺纹旋合表面，拧紧螺母后黏合剂能自行固化，防松效果良好

四、螺纹联接的装拆

（一）装拆工具

由于螺栓、螺柱和螺钉的种类繁多，螺纹联接的装拆工具也很多。使用时，应根据具体情况合理选用。

1. 旋具（螺丝刀）

它是用来旋紧或松开头部带沟槽的螺钉的。一般旋具的工作部分用碳素工具钢制成，并经淬火硬化。常用的旋具有一字和十字两种（如图 3-44 所示）。

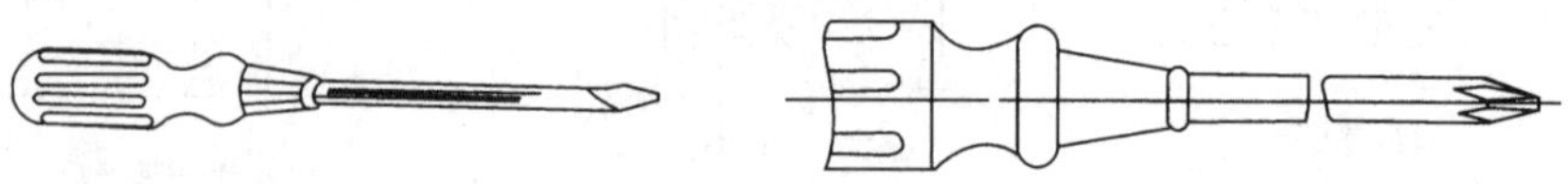

(a)一字　　(b)十字

图 3-44　标准旋具

快速旋具[如图 3-45(a)所示]所示用来装拆小螺钉。工作时推压手柄，麻花杆通过来复孔而转动，装拆迅速。

弯头旋具[如图 3-45(b)所示]用于螺钉顶部空间受限制的情况。

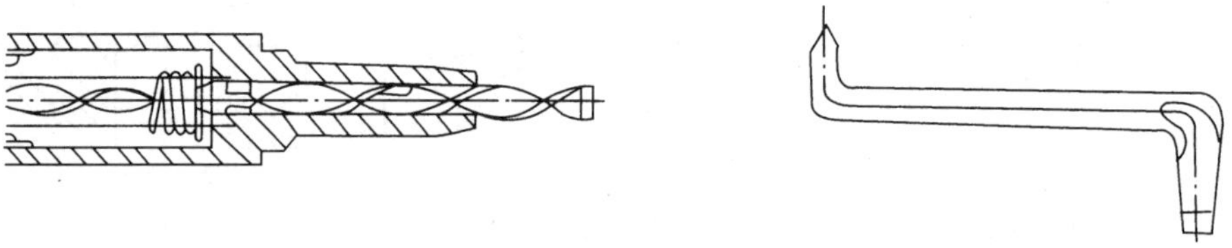

(a)快速旋具　　(b)弯头旋具

图 3-45　其他旋具

2. 扳手

扳手是用来旋紧六角形、正方形螺钉和各种螺母的。通常扳手采用工具钢、合金钢或可锻铸铁制成。扳手分为通用扳手、专用扳手和特殊扳手三类。

(1) 通用扳手，又称活扳手，其开口尺寸能在一定范围内调整，结构如图 3-46 所示。

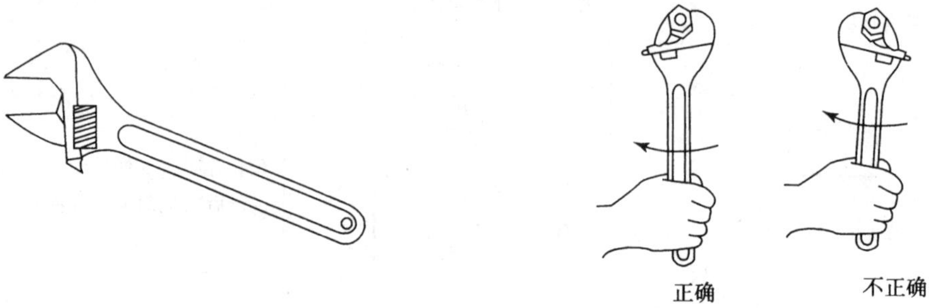

(a)活扳手　　(b)活扳手使用

图 3-46　活扳手及其应用

使用活扳手时应让固定钳口受主要作用力，扳手长度不可任意加大，以免拧紧力矩过大而损坏。活扳手的工作效率不高，活动钳口易歪斜，往往会损伤螺母或螺钉头表面。

（2）专用扳手。专用扳手只能扳动一种规格的螺母或螺钉。根据其用途的不同可分为开口扳手（呆扳手）、整体扳手、成套套筒扳手、钳形扳手、内六角扳手（如图3-47所示）。

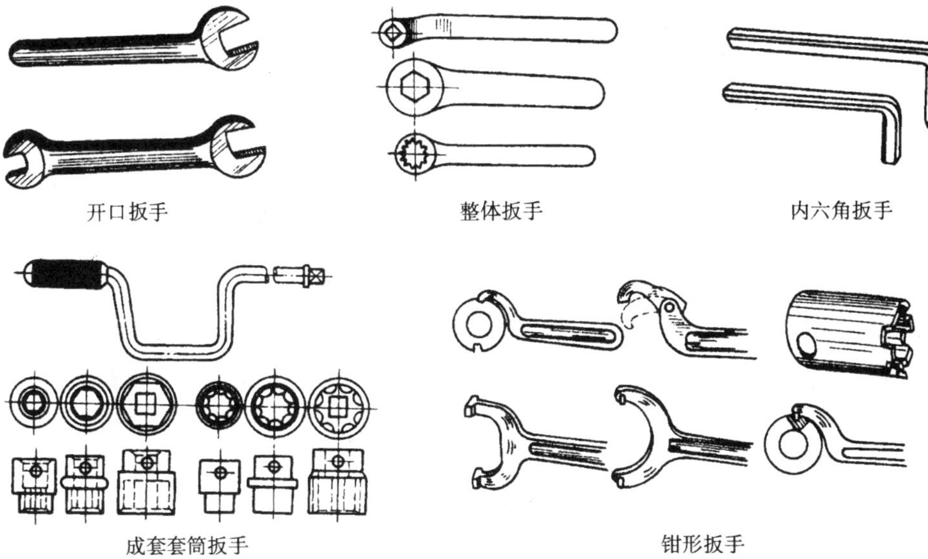

图 3-47 专用扳手

（3）特种扳手。特种扳手是根据某些特殊要求制造的，如图 3-48 所示的棘轮扳手，它适用于空间狭窄的场合。工作时，正转手柄，棘爪就在弹簧的作用下进入内六角套筒的缺口内，套筒便跟着转动；反转时，棘爪就从套筒缺口的斜面上滑过去，因而螺母（或螺钉）不会随着反转。松开螺母时只须将扳手翻转 180°使用即可。

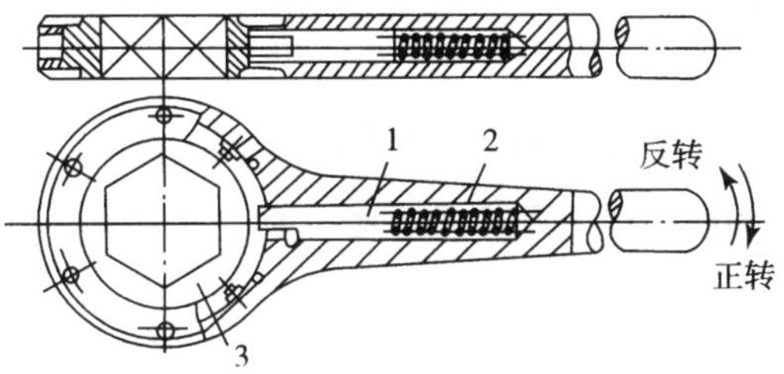

图 3-48 棘轮扳手

1—棘爪；2—弹簧；3—内六角套筒

（二）装拆方法

1. 双头螺柱的装配方法

由于双头螺柱没有头部，无法将旋入端紧固，常采用螺母对顶或螺钉与双头螺柱对顶的方法来装配双头螺柱。

（1）用双螺母对顶的方法装配双头螺柱：先将两个螺母相互锁紧在双头螺柱上，然后用扳手扳动上面一个螺母，把双头螺柱拧入螺孔中紧固，如图 3-49(a)所示。

（2）用螺钉与双头螺柱对顶的方法装配双头螺柱：用螺钉来阻止长螺母和双头螺柱之间的相对运动，然后扳动长螺母，双头螺柱即可拧入螺孔中。松开螺母时，应先使螺钉回松，如图 3-49（b）所示。

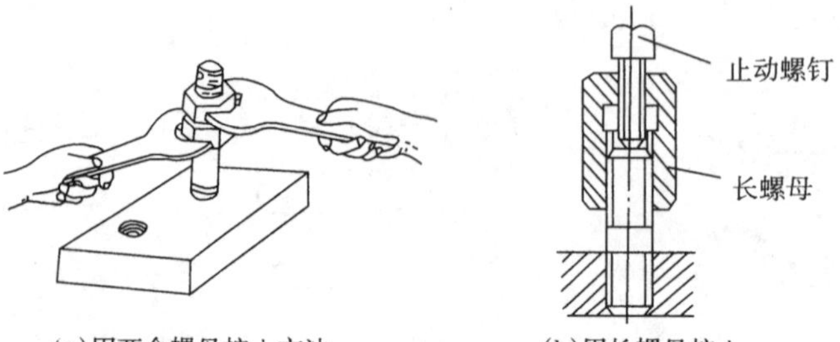

(a)用两个螺母拧入方法　　(b)用长螺母拧入

图 3-49　双头螺柱拧入法

2．成组螺纹联接件装拆方法

成组的螺纹联接件在旋紧时，必须按照正确的顺序进行。如图 3-50 所示，旋紧长方形布置的成组螺母，必须从中间开始，逐渐向两边对称扩展地进行；如果旋紧圆形或方形布置的成组螺母时，必须对称进行。并且必须做到分次逐步旋紧，否则会使零件间压力不一致，从而引起变形或个别螺纹过载。

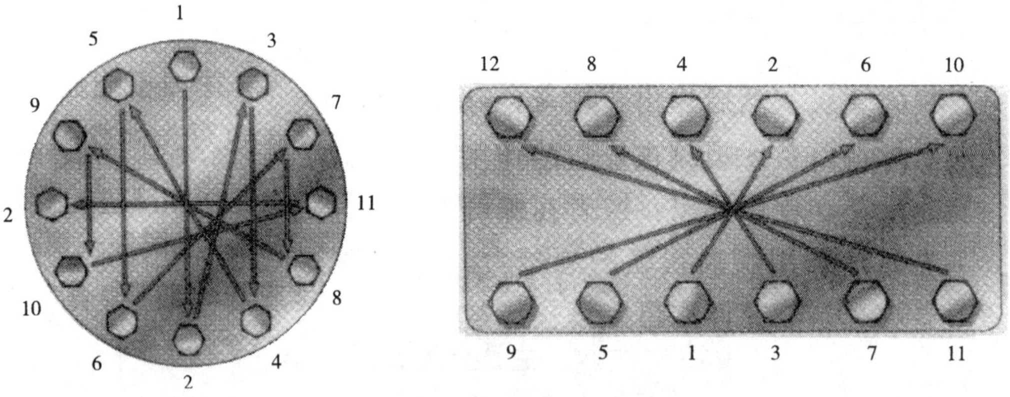

图 3-50　成组螺栓的旋紧顺序

成组螺纹联接件拆卸的顺序与旋紧的顺序相反，先四周后中间，或按对角线拆卸，拆卸时应注意以下几点。

（1）将各螺栓先拧松 1～2 圈，然后逐一拆卸，以免力量最后集中到一个螺栓上，造成难以拆卸，或零件变形损坏。

（2）先将处于难拆部位的螺栓卸下。

（3）如果是悬臂部件的环形螺栓组拆卸时，应特别注意安全。除仔细检查是否垫稳、起重索是否捆牢外，拆卸时，应先从下面开始按对称位置拧松螺栓。最上部的一个或两个螺栓，应在最后分解吊离时取下，以免造成事故或损伤零件。

（4）对在外部不易观察到的螺栓，往往容易疏忽，应仔细检查。在整个螺栓组确实拆完后，方可用螺丝刀、撬棍等工具将联接件分离。否则，容易造成零件的损伤。

习 题

一、识图题

1. 写出下列螺纹连接的类型及应用场合：

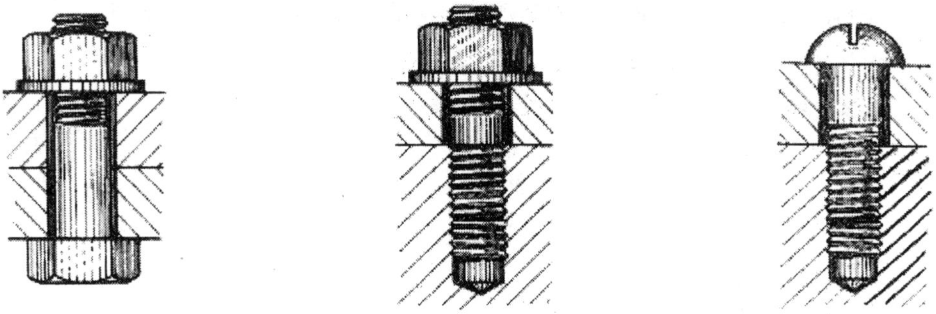

(a) (b) (c)

图(a)是__________联接，用于____________________________________场合。
图(b)是__________联接，用于____________________________________场合。
图(c)是__________联接，用于____________________________________场合。

2. 写出下列螺纹防松件的名称：

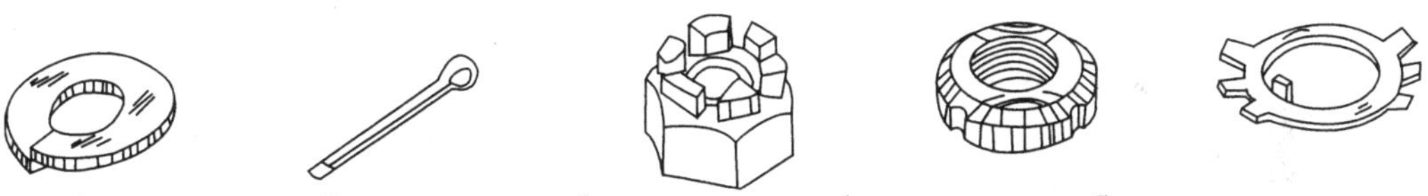

1. __________ 2. __________ 3. __________ 4. __________ 5. __________

二、简答题

1. 例举五种常用的螺纹防松方法。

2. 下图为印版版夹机构的操作简图，根据成组螺纹联接件的装拆原则，思考在卸版时应该遵循什么顺序松开版夹螺钉？

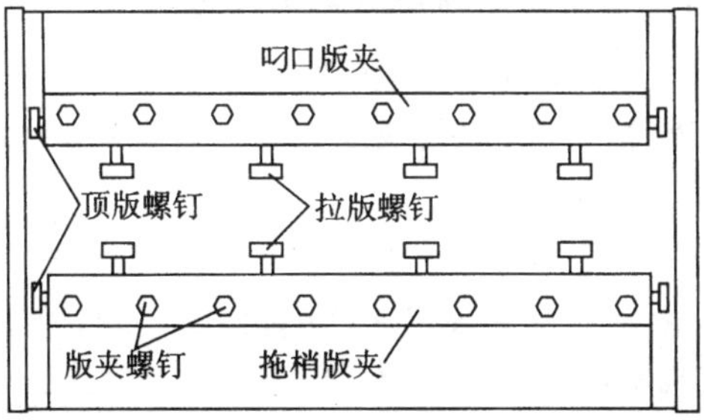

第四节　离合器、联轴器、制动器

【任务】如图 3-51 所示为印版滚筒传动系统图。在印版滚筒的两端轴头装有传动齿轮，那么印版滚筒是如何被驱动的，又是如何把动力传递给输水输墨系统的呢？

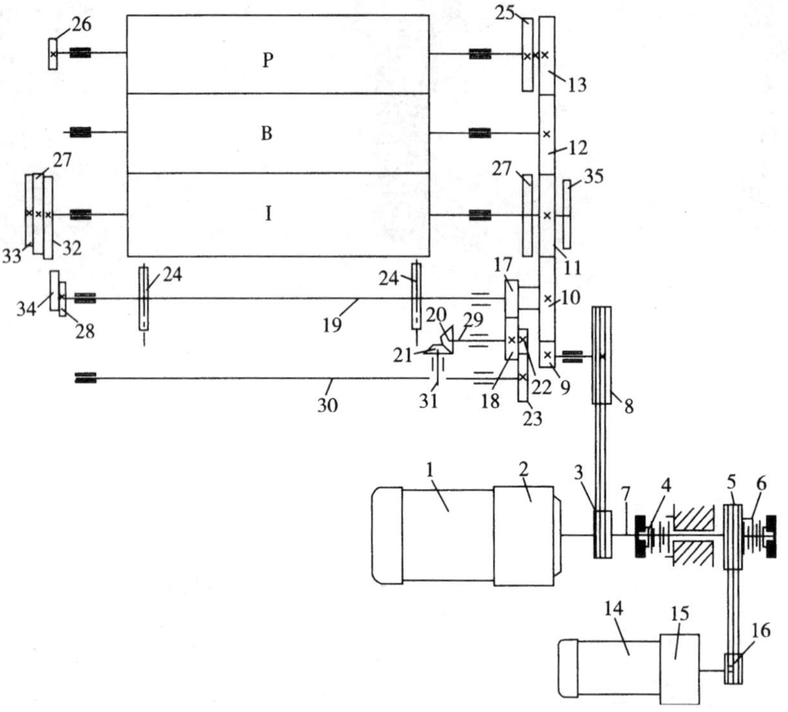

图 3-51　印刷装置传动系统图

1—主电机；2—电磁离合器；3，5，8，16—带轮；4—制动电磁离合器；6—低速电磁离合器；7，29—轴；9～13，17，18，22，23，25～28—齿轮；14—辅助电机；15—摆线针轮减速器；19—收纸链轮轴；20，21—圆锥齿轮；24—收纸链轮；30—侧规传动轴；31—万向轴；32～35—凸轮

【分析】如图 3-51 所示，装在印版滚筒轴头的齿轮 13 为被动齿轮，由橡皮滚筒轴带动；齿轮 26 为主动齿轮，它带动墨辊和水辊运动。

那么我们从齿轮 13 开始，一级一级地往后推，直到推到动力源。可以得出从电动机到印版滚筒转动的传动路线：

主电机 1 ⟶电磁调速离合器 2 ⟶轴 7 ⟶带轮 3 ⟶带轮 8 转动⟶斜齿轮 9 ⟶斜齿轮 10 ⟶斜齿轮 11（压印滚筒轴转动）⟶斜齿轮 12（橡皮滚筒轴转动）⟶斜齿轮 13（印版滚筒轴转动）。

在传动路线中，除了有我们熟知的轴与齿轮外，还有离合器。电磁离合器 2 连接了主电机 1 的输出轴与皮带轮的主动轴 7。离合器、联轴器、制动器都是印刷机中的常用装置。

一、离合器

（一）离合器的功用

离合器是在机器运转过程中，可使两轴随时接合或分离的一种装置。它可用来操纵机器传动的断续，以便进行变速或换向，也可用作安全装置。

（二）离合器的分类

（1）按其工作原理分：嵌入式和摩擦式离合器。

（2）按离合器控制方法分：操纵式和自动式离合器。所谓自动式离合器就是在达到一定的条件后自动离合，包括离心离合器、安全离合器和超越离合器。

离心离合器，即当转速达到一定值时，两轴即自动接合或分离；

安全离合器，即当转矩超过允许值时，两轴即自动分离；

超越离合器，即只允许单向传动，反转时即自动分离；并且从动件转速大于主动件转速时，也自动分离。

（3）按操纵方式分：机械离合器、电磁离合器、液压离合器和气压离合器。

（三）对离合器的基本要求

（1）分离、接合迅速，平稳无冲击，分离彻底，动作准确可靠；

（2）结构简单，重量轻，惯性小，外形尺寸小，工作安全，效率高；

（3）接合元件耐磨性好，使用寿命长，散热条件好；

（4）操纵方便省力，制造容易，调整维修方便。

（四）常用离合器简介

1. 嵌入式离合器

（1）牙嵌式离合器。结构：如图 3-52 所示，由两个端面带牙的套筒组成。主动套筒用平键与主动轴联接，从动套筒用导向键（或花键）与从动轴联接。从动套筒上安装有对中环，以保证两个半离合器对中。

工作原理：通过操纵杆移动滑环，使两个套筒的牙面嵌入或分开，从而使两轴接合或分开。

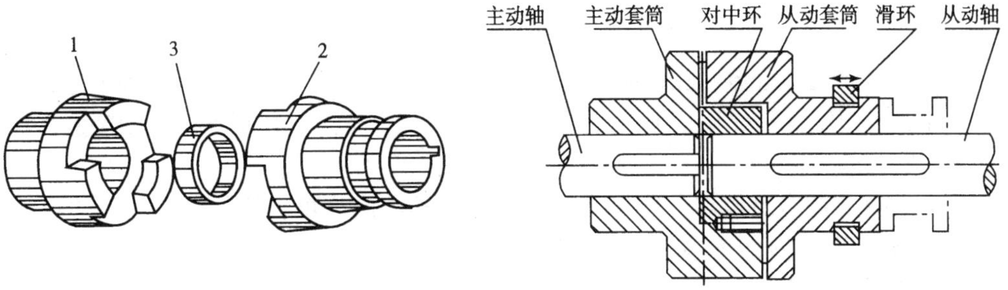

（a）　　　　　　（b）

图 3-52　牙嵌式离合器

1—主动套筒；2—从动套筒；3—对中环

特点：结构简单、外廓尺寸小、能传递较大的转矩，但在接合时有冲击，只能在低速或停车时接合，否则容易将齿打坏。

（2）齿轮式离合器。齿轮离合器如图 3–53 所示，由一个内齿套和一个外齿套组成。它除了具有牙嵌式离合器的特点外，其传递转矩的能力更大。

图 3–53　齿轮式离合器

2. 摩擦式离合器

摩擦离合器是靠摩擦盘接触面间产生的摩擦力来传递转矩的。

（1）单片式圆盘摩擦离合器。结构：如图 3–54 所示，由固定圆盘 1、活动圆盘 2 和滑环 3 组成。

工作原理：移动滑环，可实现两圆盘的结合与分离，靠摩擦力带动从动轴转动。

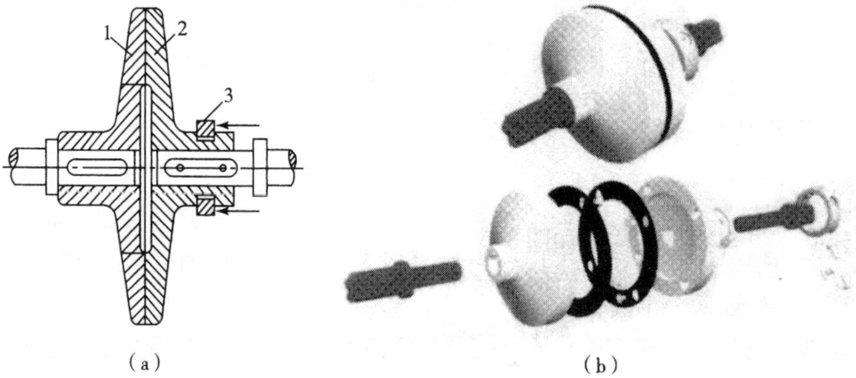

（a）　　　　（b）

图 3–54　单片式圆盘摩擦离合器

1—圆定圆盘；2—活动圆盘；3—滑环

特点：摩擦式离合器可在任何转速下实现两轴的接合或分离；接合过程平稳，冲击振动较小；有过载保护作用；但尺寸较大，在接合或分离过程中要产生滑动摩擦，故发热量大，磨损较大。

（2）多片式圆盘摩擦离合器。单片摩擦离合器结构简单，散热性好，但传递的转矩较小。当必须传递较大转矩时，可采用多片式摩擦离合器。

多片式圆盘摩擦离合器如图 3–55 所示，由多个摩擦片叠加在一起，移动滑环，通过杠杆作用，压紧或放松摩擦片，来实现两轴的结合与分离。

当摩擦离合器的操纵力为电磁力时，即成电磁摩擦离合器。电磁摩擦离合器可实现远距离操纵，动作迅速，没有不平衡的轴向力，因而在数控机床等机械中获得了广泛的应用。

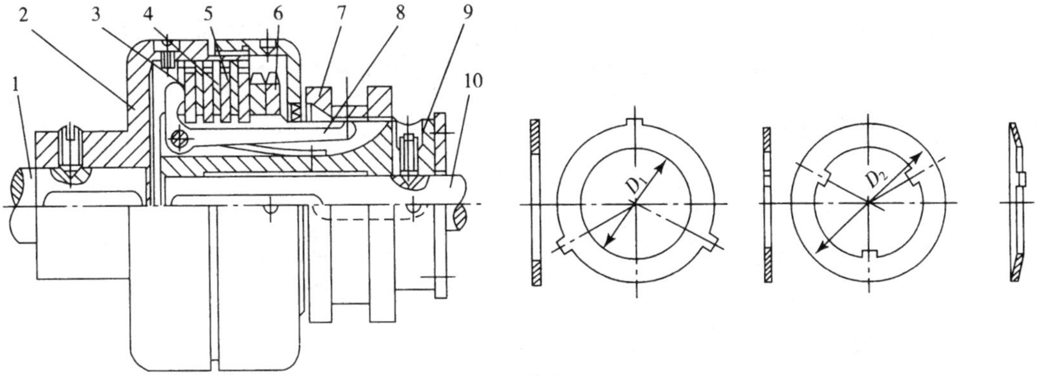

（a）

（b）

图 3–55　多片式圆盘摩擦离合器

1—轴；2—外套；3—外摩擦片；4—内摩擦片；5—内套；
6—螺母；7—滑环；8—角形杠杆；9—紧定螺钉；10—轴 2

3. **超越离合器**

结构：如图 3–56 所示，为应用最普遍的一种超越离合器，它由星轮 1、外圈 2、滚柱 3 和弹簧 4 组成。弹簧的作用是将滚柱压向星轮的楔形槽内，使滚柱与星轮、外圈相接触。

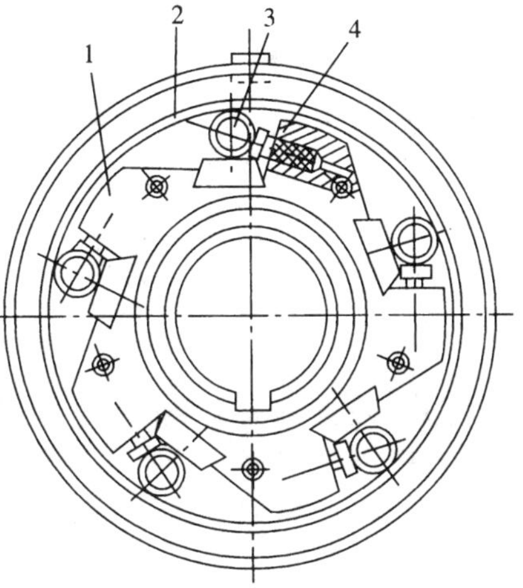

图 3–56　超越离合器

1—星轮；2—外圈；3—滚柱；4—弹簧

工作原理：超越离合器是自动式离合器的一种，它在以下两种情况下可自动离合。

工作情况一：当星轮 1 主动并沿顺时针方向转动时，摩擦力带动滚柱进入楔形空间的小端，楔紧在星轮和外圈之间，使外圈随星轮一起转动，这时离合器处于接合状态；当星轮逆时针转动时，滚柱受摩擦力的作用，被滚到空隙的宽敞部分，星轮和外圈之间不再楔紧，离合器处于分离状态。由此可见，这种离合器只能传递单向的转矩，可在机械中用来防止逆转及完成单向传动。

工作情况二：如果外圈在随星轮旋转的同时，又从另一条运动链获得转向相同但转速较大的运动，也就是说，外圈转速大于星轮转速时，滚柱也无法楔紧在星轮和外圈之间，离合器也将处于分离状态。

这种从动件可以超越主动件的特性称为超越运动特性，故称这种离合器为超越离合器。

特点：超越离合器尺寸小，接合和分离平稳、无噪声，可在高速运转中接合，故它广泛应用于汽车、金属切削机床和各种起重设备的传动装置中。

二、联轴器

（一）联轴器的功用

联轴器用来连接轴与轴，实现运动与转矩的传递。与离合器不同的是，联轴器连接的两轴不能随时分离，只有在机器停车时用拆卸的方法才能使它们分离。

（二）联轴器的分类

联轴器有两个联轴盘，首先分别与驱动轴和被驱动轴连接，然后两个联轴盘再连接在一起。由于两个联轴盘连接的方式和结构不同，联轴器的类型有很多种，不同类型的联轴器应用的场合也不同。常用联轴器可分为两大类：固定式联轴器和可移式联轴器。

1. 固定式联轴器

固定式联轴器用于两轴对中、精度较高的场合。

（1）凸缘联轴器。凸缘联轴器构造如图 3–57 所示，它由两个半联轴器、螺栓及平键组成。凸缘联轴器结构简单，成本低，能传递较大的转矩，适用于低速、大转矩、载荷平稳、短轴而刚性大的场合。

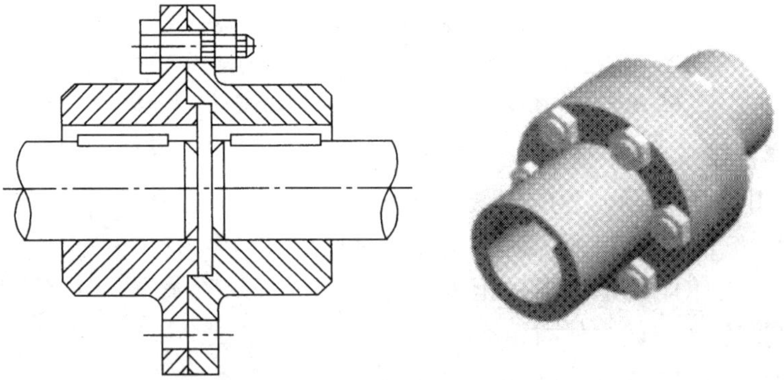

图 3–57 凸缘联轴器

（2）套筒联轴器。套筒联轴器是利用两轴轴端的套筒和联接零件键[如图 3–58(a)所示]或销[如图 3–58(b)所示]将两轴联接起来以传递转矩。套筒联轴器尺寸小、结构简单、成本低。常用于低速、载荷平稳、传递转矩较小的场合。

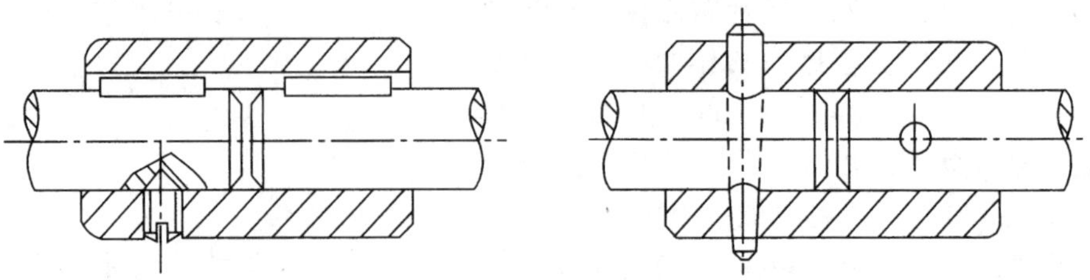

（a）　　（b）

图 3–58 套筒联轴器

2. 可移式联轴器

如果因为存在制造、安装的误差，工作时零件的变形以及两轴倾斜等因素不能保证两轴对中时，如图 3–59 所示，应该采用可移式联轴器。

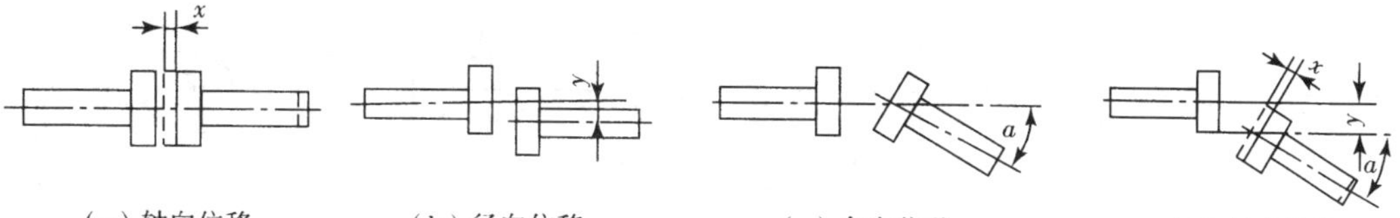

（a）轴向位移　（b）径向位移　（c）角向位移　（d）综合位移

图 3–59　两轴轴线不对中的情况

可移式联轴器具有自动补偿被连接两轴线相对位置误差的能力，分为可移式刚性联轴器和可移弹性联轴器，可移弹性联轴器还兼有缓冲和吸振的作用。

（1）可移式刚性联轴器。是靠联轴器各构件的位移来补偿两轴的轴线变化的。

①滑块联轴器。滑块联轴器构造如图 3–60 所示，它由套筒 1、3 和中间滑块 2（十字滑块）组成。当两轴线不同轴或偏斜时，中间滑块可在两套筒槽内移动。由于滑块偏心，工作时会产生较大的离心力，因此只适用于低速场合。

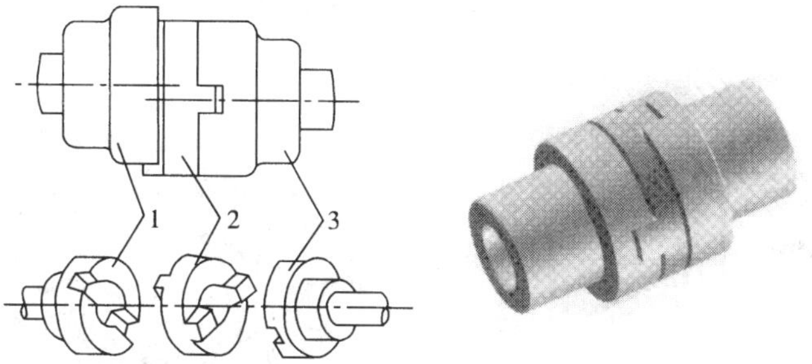

图 3–60　滑块联轴器

1，3—套筒；2—滑块

②万向联轴器。万向联轴器构造如图 3–61 所示，它由万向接头 1、3 和十字销 2 组成。两轴与万向接头用销钉联接，十字销传递转矩。这种联轴器主要用于两轴倾斜较大的传动。两轴的角度倾斜可达 35° ~45°。

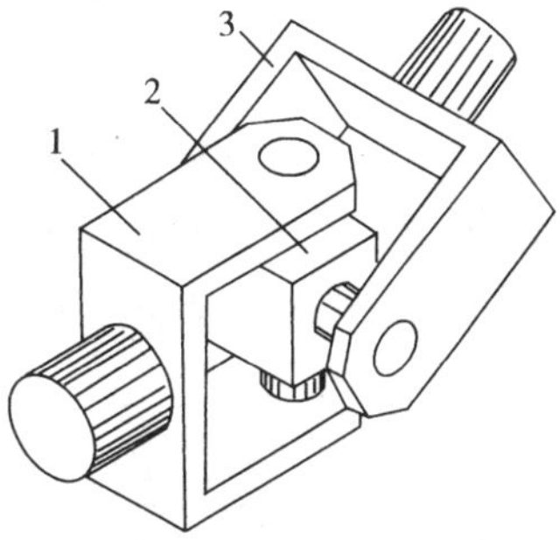

图 3–61　万向联轴器

1，3—万向接头；2—十字销

这种联轴器有一个缺点，就是当主动轴作等角速转动时，从动轴作变角速转动。如果要使主动轴与从动轴同步转动，则需要用两套万向联轴器（如图 3–62 所示）。汽车底盘传动轴就是采用两套万向联轴器的实例。

（2）可移式弹性联轴器。弹性联轴器是利用弹性联接件的弹性变形来补偿两轴的相对位移，并有缓冲和吸振的作用。

①弹性套柱销联轴器。弹性套柱销联轴器在结构上和凸缘联轴器很相似（图 3–63 所示），只是用套有橡胶弹性套的柱销代替了联接螺栓。与主、从动轴配合的孔可以有

几种形式。这种联轴器可以缓冲、吸振，并能补偿两轴线间的小量偏移，用于经常正反转和起动频繁的场合。如多用在电动机的输出与工作机械的联接上。

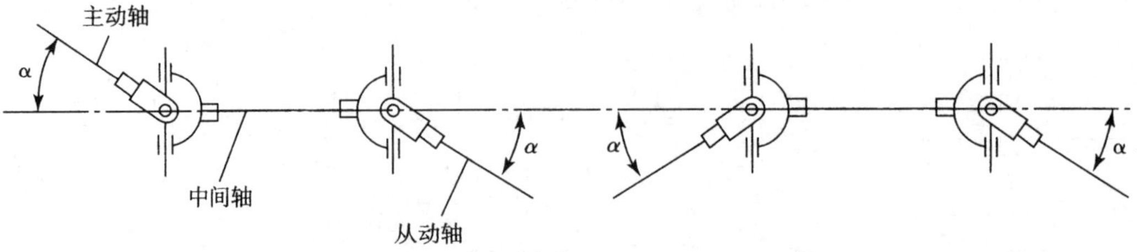

（a）

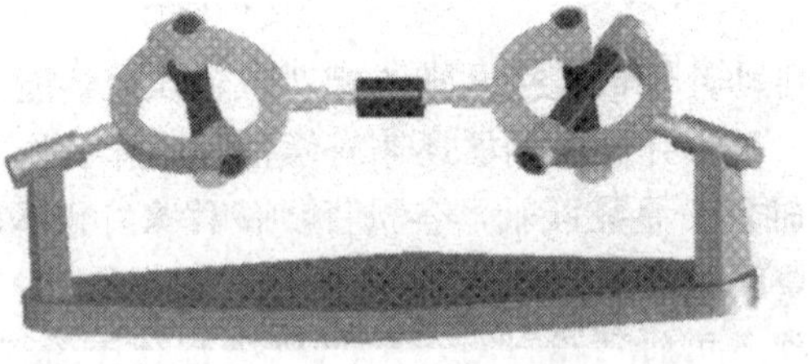

（b）

图 3-62　双万向联轴器

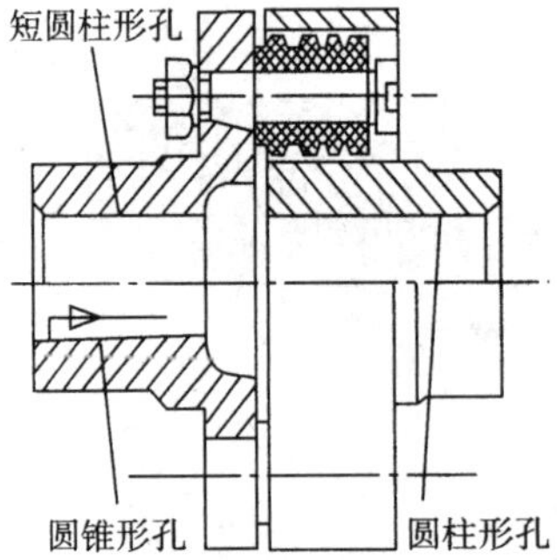

（a）

（b）

图 3-63　弹性套柱销联轴器

②弹性柱销联轴器。这种联轴器比弹性套柱销联轴器结构简单（如图 3-64 所示）。弹性柱销用尼龙材料制成，有一定弹性而且耐磨性更好。应用和弹性套柱销联轴器类似，但因尼龙对温度敏感，所以要限制使用温度。

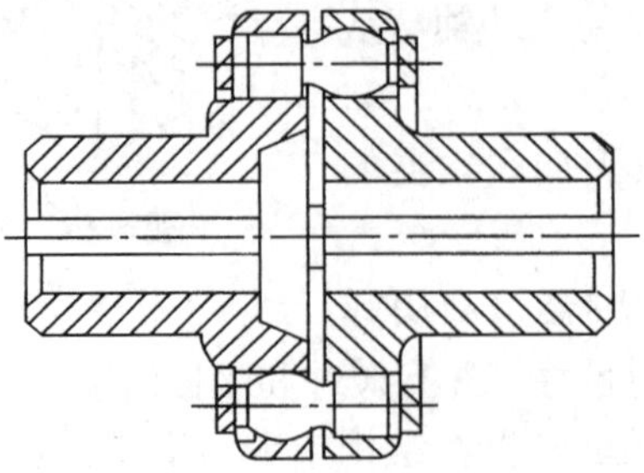

（a）

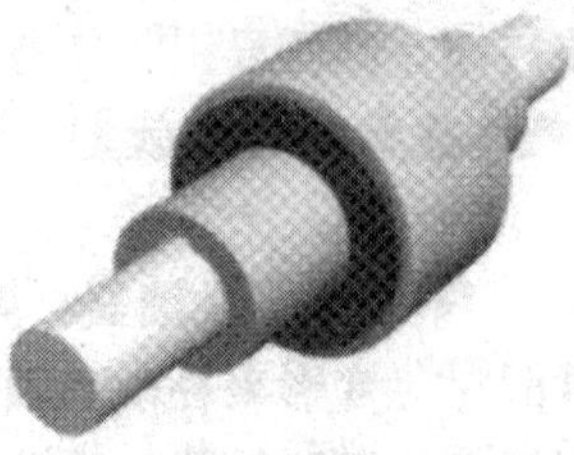

（b）

图 3-64　弹性柱销联轴器

联轴器有时还兼有安全保护装置的作用，如图 3-65 所示的安全联轴器，安全销装在两段钢套中，正常工作时靠销钉传递转矩；过载时销钉被剪断，使传动中断，从而保证重要零件（传动轴）不致损坏。

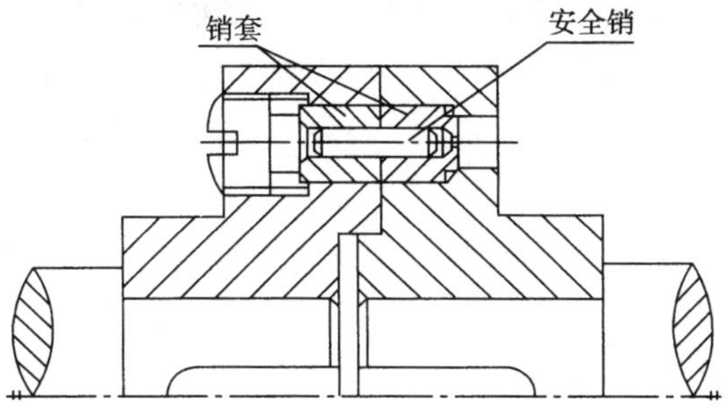

图 3-65　安全联轴器

三、制动器

（一）制动器的功用

制动器主要是用来使机器上的某一根轴在机器停车（动力源切断）后能立即停止转动。

（二）制动器的种类

1. 带状制动器

如图 3-66 所示，带状制动器由制动轮 1、制动带 2、杠杆 3 组成。为了增加制动摩擦力，在制动钢带 2 下面衬一层橡胶或者石棉等材料。当操纵手柄放在停车位置时，使杠杆 3 向上，制动钢带包紧摩擦轮，实现制动。这种制动器在自行车、摩托车上应用很普遍。

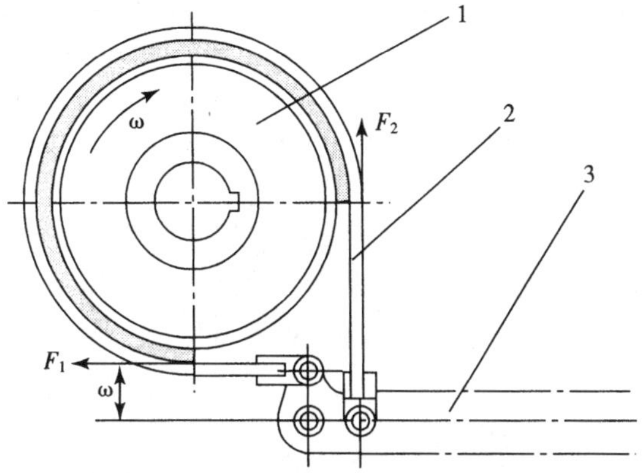

图 3-66　带状制动器图

1—制动盘；2—制动带；3—杠杆

2. 内涨式制动器

如图 3-67 所示，内涨式制动器由销轴 1 和 8、内闸瓦 2 和 7、制动轮 6、液压缸 4 以及弹簧 5 等组成。为了增加摩擦力，在内闸瓦外侧衬一层石棉层 3。当液压缸 4 不通压力油时，在弹簧的作用下内闸瓦 2、7 与制动轮 6 是松开的；当液压缸通压力油时，油压推动两头的活塞，使两个内闸瓦绕销轴 1、8 转动，牢牢地涨紧在制动轮的内侧，从而实现制动。这种制动器在摩托车和汽车上应用普遍。

3. **盘式制动器**

盘式制动器主要由制动盘和制动块组成，径向尺寸小，制动性能稳定。常用的盘式制动器有点盘式制动器，如图 3-68 所示。平时制动块和制动盘松开，当制动时，通过钢丝牵拉，使制动块从两侧抱紧制动轮，实现制动。这种制动器在摩托车上应用广泛。

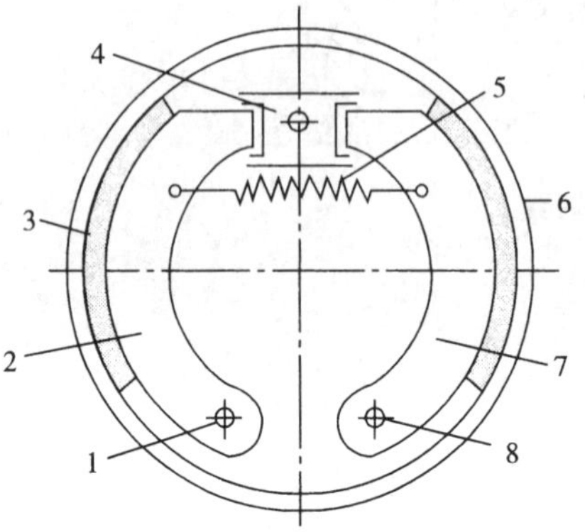

图 3-67 内涨式制动器

1，8—销轴；2，7—内闸瓦；3—石棉层；4—液压缸；5—弹簧；6—制动轮

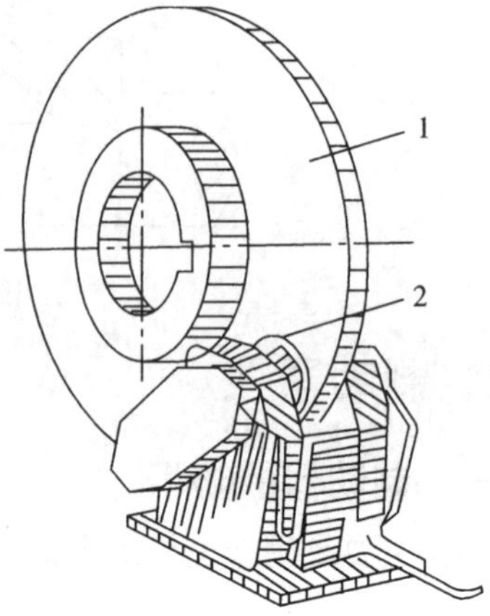

图 3-68 盘式制动器

1—制动盘；2—制动块

4. **闸瓦制动器**

如图 3-69 所示，闸瓦制动器由制动轮 1、闸瓦 2、弹簧 3、制动臂 4、推杆 5、松闸器 6 组成。当松闸器 6 未通电源时，由弹簧 3 通过制动臂 4 及闸瓦 2 使制动轮 1 处于制动状态；当松闸器 6 接通电源后，电磁力操纵推杆 5 将制动臂推向两侧，闸瓦松开。松闸器也可以用液压、气压或人力操纵。制动器一般安装在转速较高的轴上（例如电机输出轴），这样所需的制动力矩小。这种制动器一般在机电设备中的电机快速制动中应用普遍。

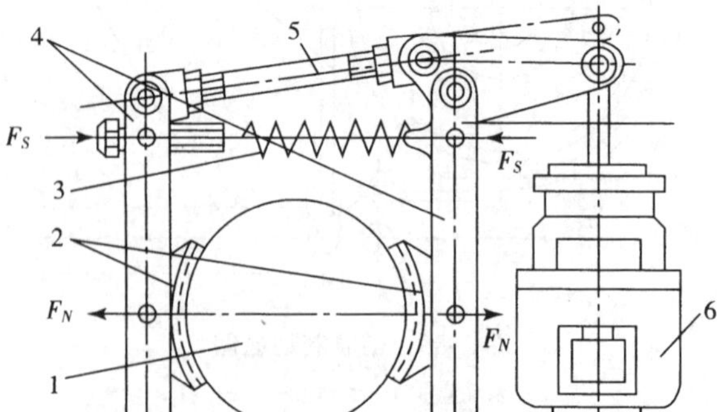

图 3-69 闸瓦制动器

1—制动轮；2—闸瓦；3—弹簧；4—制动臂；5—推杆；6—松闸器

习　题

一、填空题

1. 只能在低速或停车时结合的离合器是__________离合器；接合过程中平稳、无冲击但是有相对滑动的离合器是__________离合器。

2. 如果两轴的轴线严格对中，应该用____________联轴器。如果两轴的轴线有一定的偏移且工作中有振动和冲击，应采用____________联轴器。为了对机器进行过载保护，可用____________联轴器。

3. 常用于汽车制动的制动器是____________制动器。

二、简答题

1. 超越离合器的工作原理是什么？“超越”的含义是什么？

三、课外练习：

1. 搜集不同印刷机上各种离合器、联轴器、制动器的类型。

例如：J2108 机的主机与给纸机之间的连接用的是双万向联轴节；SZ201 给纸机主机与给纸机之间的离合用的是电磁牙嵌式离合器。

实践部分　剖析印版滚筒的传动装置和组成结构

一、实验目的

1. 认识印版滚筒的结构；
2. 了解印版装夹机构的工作原理和印版的装拆方法；
3. 认识印版滚筒轴承及印刷机上其他部位轴承的类型、拆装方法、润滑方法；
4. 分析印版滚筒的驱动路线；
5. 了解印刷机上离合器、联轴器、制动器的类型和具体位置。

二、实验具体要求

1. 指导教师带领学生认识印版滚筒轴，包括轴头处的斜齿轮和轴颈处的轴承。

2. 介绍印刷机上不同轴承的润滑方法，演示水墨辊轴承的拆装更换方法。

3. 介绍版夹机构的操作部位，如固定式版夹，介绍版夹螺钉，拉版螺钉，顶版螺钉的具体部位与各自功用。

4. 指导教师演示拆装印版过程。

5. 根据印刷机的传动系统图（如 J2108 机），带领学生看清实现各级传动的传动路线及有关典型零件的构造：如离合器、联轴器、制动器。

三、注意事项

1. 拧紧版夹螺钉时，不能先拧两头再拧中间。
2. 装印版时，要注意保护印版，避免损伤印版，造成报废。

四、讨论

1. 哪些部位的轴承需要经常润滑，哪些部位的轴承需要经常更换。
2. 为什么装版时要先中间后两侧旋紧版夹螺钉。
3. 印刷机常用离合器、联轴器、制动器的类型。

第四章

常用测量工具

本章学习目标：

（1）游标卡尺的结构、应用和维护；

（2）千分尺的结构、应用和维护；

（3）厚薄规的结构、应用和维护。

本章应学会的术语：

游标卡尺　千分尺　厚薄规

【任务】印刷滚筒工作位置分析。

单张纸胶印机的印刷装置由印版滚筒、橡皮滚筒、压印滚筒及相关辅助装置组成，如图 4–1 所示。三滚筒之间的位置对印品质量有影响吗？

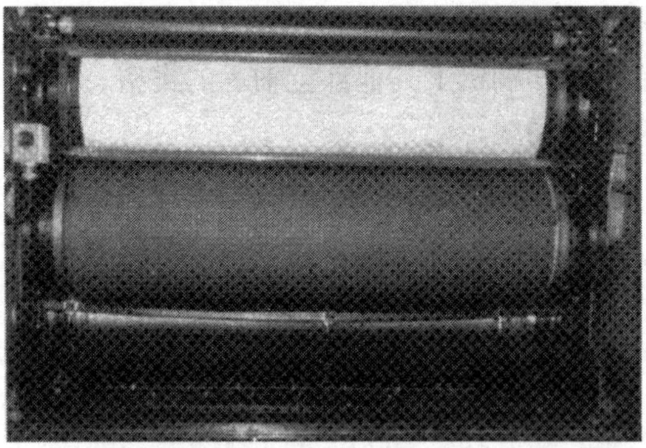

图 4–1　印刷装置

【分析】三滚筒之间的间隙是保证印品质量的关键因素。因此调节三滚筒相互之间的位置是一项重要的任务。滚筒的位置调节除了要掌握正确的调整方法之外，调整结束后对位置大小的检测是必不可少的一个环节。

我们常用的测量工具有游标卡尺、千分尺、厚薄规等。这些都是一些精密量具。测量器具的计量工作应遵循测量器具的保养、检修、鉴定计划，确保所用量具的精度、灵敏度、准确度。

第一节　游标卡尺

一、游标卡尺结构

游标卡尺是一种能准确到0.1mm以上的较精密量具，用它可以测量物体的长、宽、高、深及工件的内、外直径等。它主要由主尺和一个可沿主尺移动的游标（又称副尺）组成。常用的一种游标卡尺的结构如图4-2所示。

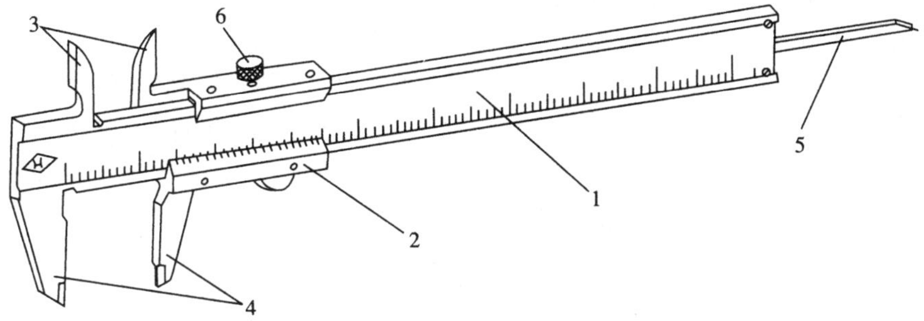

图4-2　游标卡尺结构

1—主尺；2—副尺（游框）；3，4—量爪；5—深度尺；6—锁紧螺钉

1为主尺，2为副尺，主尺和副尺上有量爪3和4，量爪3用来测量物体内径，量爪4用来测量物体外径，深度尺5在背面与副尺相连，移动副尺时尾尺也随之移动，可用来测量孔径深度（如图4-3所示），6为锁紧螺钉，旋紧它，副尺就与主尺固定了。

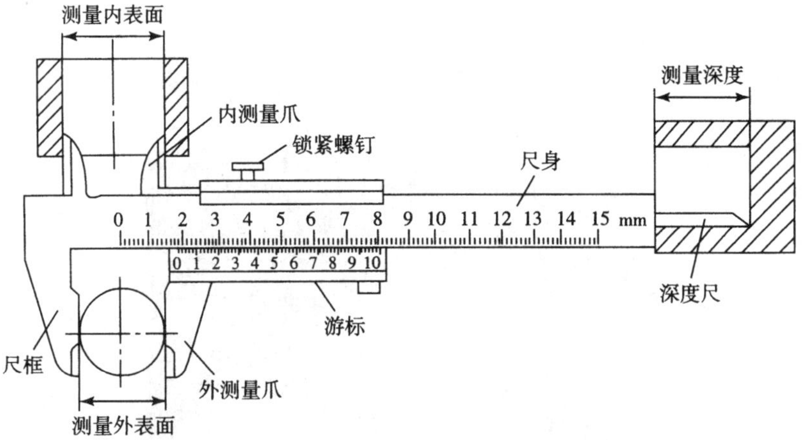

图4-3　游标卡尺的用途

游标卡尺的量程有0～150mm、0～200mm、0～300m等几种，其测量精度有1/10mm、1/20mm、1/50mm三种（如图4-4所示）。

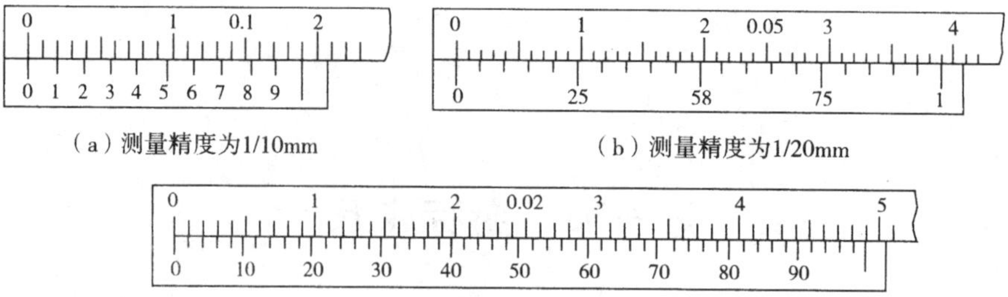

（a）测量精度为1/10mm　（b）测量精度为1/20mm

（c）测量精度为1/50mm

图 4-4　游标卡尺的精度

二、游标卡尺的正确使用方法

游标卡尺在使用前应先把量爪和被测工件表面的灰尘、油污等擦干净，以免碰伤游标卡尺量爪面和影响测量精度，同时应检查卡尺外观，轻轻推、拉尺框检查各部位的相互作用，如尺框和微动装置移动是否灵活，紧固螺钉是否能起作用等。

检查游标卡尺零位，使游标卡尺两量爪紧密贴合，用眼睛观察应无明显的光隙，同时观察游标零刻线与尺身零刻线是否对准，游标的尾刻线与尺身的相应刻线是否对准。（如图 4-5 所示）校对零位时，无论游标尺是否紧固，零位都应正确。当紧固或松开游标尺时，零位若发生变化，不要使用。

图 4-5　游标卡尺紧密贴合

游标卡尺的正确使用方法：

（1）测量外表面尺寸时，将两量爪拉开距离稍大于被测的距离（如图 4-6 所示）（测量内表面尺寸时，将两量爪拉开距离稍小于被测的距离）。

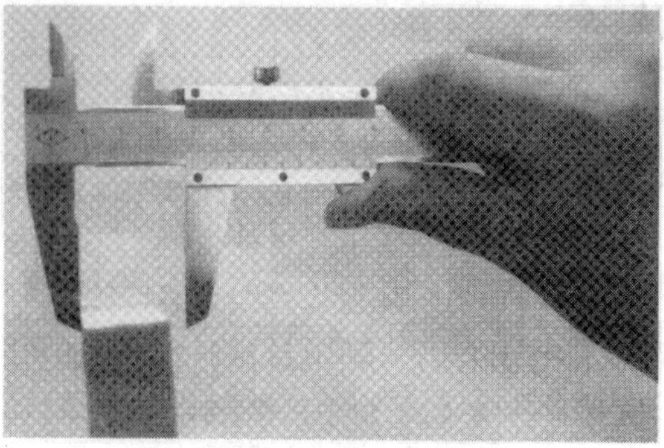

图 4-6　测量外表面

（2）然后再慢慢移动活动量爪，逐渐将卡尺与被测表面轻轻地接触（如图 4–7 所示）。当量爪与被测件表面接触后，不要用力太大。用力的大小，应该正好使两个量爪能够接触到被测件的表面，同时量爪还能沿着工件表面自由滑动。如果用力过大，尺框量爪会倾斜，这样容易引起较大的测量误差。用力过小，量爪与被测量面之间会存在微小间隙，将影响被测尺寸精度。所以在使用卡尺时，用力要适当，被测件应尽量靠近量爪测量面的根部。

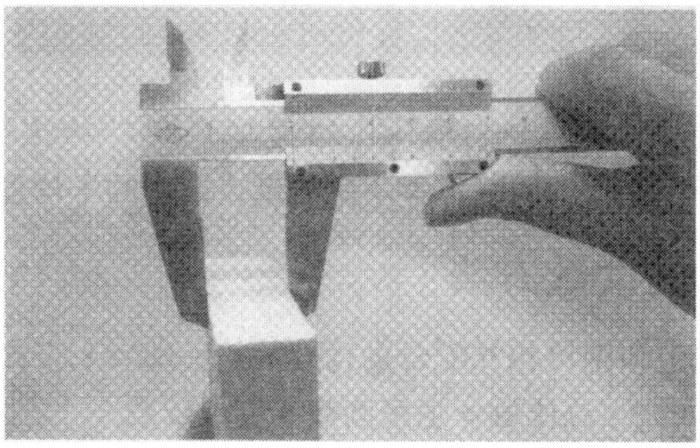

图 4–7　卡尺与表面接触

注意：测量平面时，两量爪应与被测面平行或垂直接触，不能倾斜放置。测量内尺寸时，应使一个量爪先接触孔壁不动，另一个量爪沿着孔壁来回微微摆动，以测得最大数值，即孔的直径。如图 4–8 所示都为错误测量方法。

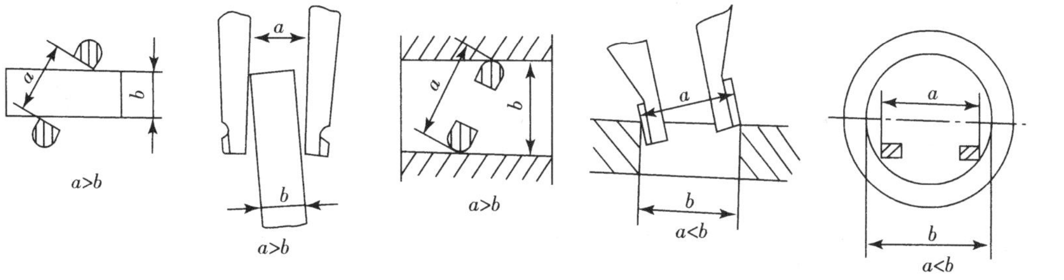

图 4–8　错误测量方法

（3）测量完毕，若取下卡尺读数，应先拧紧螺钉固定游框，再沿被测表面轻轻移出，如图 4–9 所示，切不可从被测工件上猛力抽下游标卡尺，不可歪斜或扭转，以免卡尺变形和量爪走动。

（4）在游标卡尺读数时，应把游标卡尺水平地拿着朝亮光方向，使视线尽可能地和尺上所读的刻度线垂直，以免由于视线的歪斜而引起读数误差，如图4–10所示。

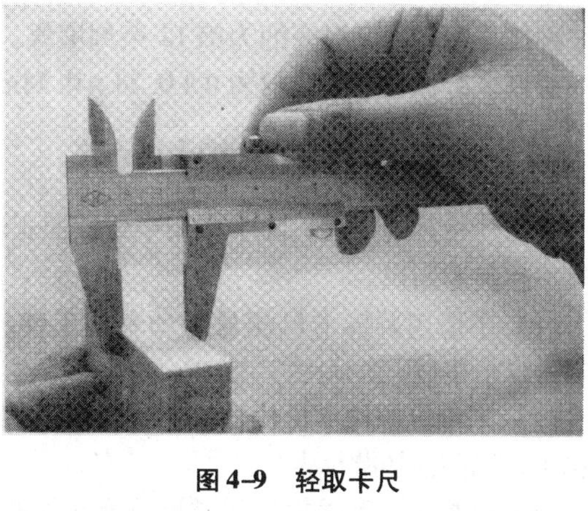

图 4–9　轻取卡尺

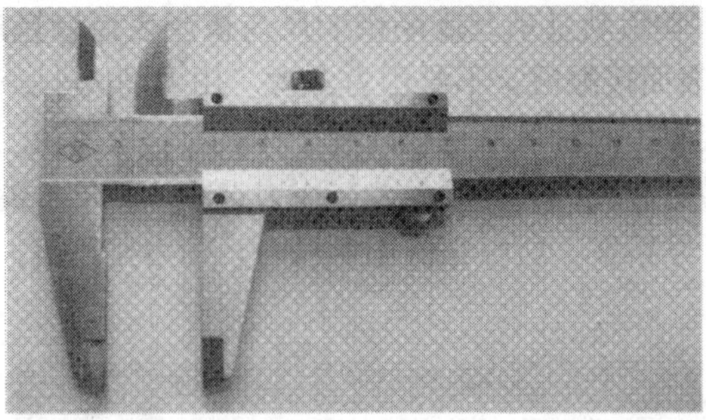

图 4–10　读数

注意：测量时最好在工件的同一位置多次测量，取它的平均值。

三、游标卡尺的读数方法

游标卡尺是利用主尺和副尺相互配合进行读数的。即

总读数 = 主尺读数 + 副尺读数

（1）确定主尺读数。方法是：副尺零线以左主尺上最大整数的毫米读数即为主尺读数。

（2）确定副尺读数。找出副尺刻线中与主尺刻度对齐的那条刻线，再将该刻度乘以游标卡尺的分度值，此即为副尺读数。

（3）将得到的主尺读数与副尺读数相加，其和就是被测物体的尺寸。

【例 4–1】确定如图 4–11 所示的游标卡尺读数。

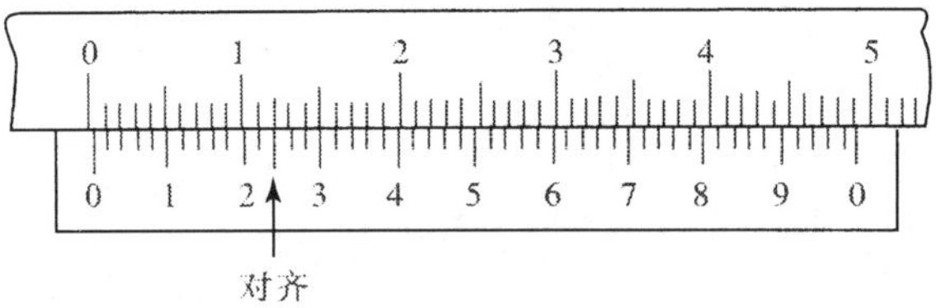

图 4–11　50 分度游标卡尺

【分析】由该游标卡尺副尺上的刻度可知，该游标卡尺精确度为 50 分度。

副尺零线以左主尺上的最大读数为 0，所以主尺读数为 0mm。

副尺与主尺刻度对齐的为第 12 条刻度线，所以副尺读数为 $12 \times 0.02 = 0.24$mm。

所以该游标卡尺的读数为 $0 + 0.24 = 0.24$mm。

四、游标卡尺的维护和保养

要保持量具的精度，除了使用中要按照正确的使用方法进行操作以外，还要知道它的维护和保养知识。

（1）不能用游标卡尺测量运动着的工件。这样，容易使游标卡尺受到严重磨损，也容易发生事故。

（2）不准以游标卡尺代替卡钳在工件上来回拖拉。使用游标卡尺时不可用力同工件撞击，以防损坏游标卡尺。

（3）游标卡尺不要放在强磁场附近（如磨床的磁性工作台上），以免使游标卡尺磁

化，影响使用。

（4）使用后，应将游标卡尺擦拭干净，平放在专用盒内，尤其是大尺寸游标卡尺。注意防锈、主尺弯曲变形。

扩展知识

游标卡尺刻线原理

1. 1/10 精度的游标卡尺的刻线原理

主尺上每小格的刻度是 1mm。副尺上有 10 个小的等分刻度，它的总长为 9mm，因此副尺的每小格长度为 9/10 = 0.9mm，最小测量精度为 1 − 0.9 = 0.1mm。

2. 1/20 精度的游标卡尺的刻线原理

主尺的最小分度是 1mm，副尺上有 20 个小的等分刻度，它的总长等于 19mm，因此副尺的每小格长度为 19/20 = 0.95mm，最小测量精度为 1 − 0.95 = 0.05mm。

3. 1/50 精度的游标卡尺的刻线原理

主尺的最小分度是 1mm，副尺上有 50 个小的等分刻度，它的总长等于 49mm，因此副尺的每小格长度为 49/50 = 0.98mm，最小测量精度为 1 − 0.98 = 0.02mm。

习　题

1. 看下图所给的游标卡尺读数分别为多少？

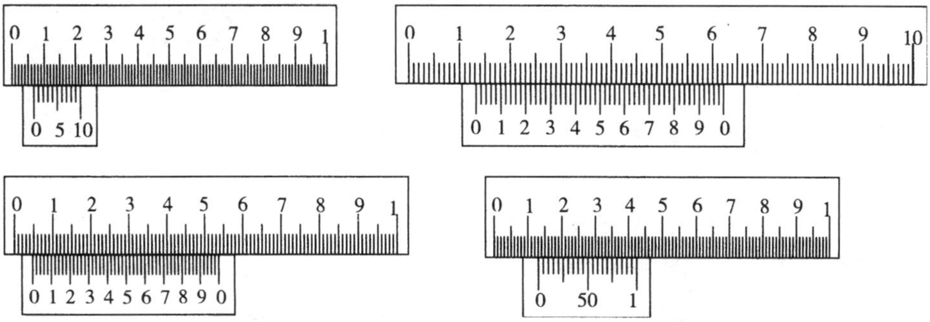

2. 请测量 M12 垫片的厚度。

第二节　千分尺

一、千分尺的结构

千分尺（又名螺旋测微计），是一种较游标卡尺更精密的量具，常用来测量线度小且准确度要求较高的物体的长度。它是利用螺旋测微原理而制成的。较常见的一种千分尺的构造如图 4-12 所示。

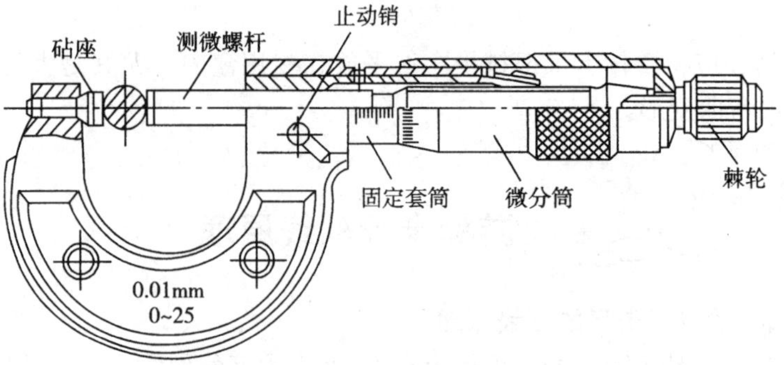

图 4–12　外径千分尺

该量具的核心部分主要由测微螺杆和螺母套管所组成，是利用螺旋推进原理而设计的。测微螺杆的后端连着圆周上刻有 50 分格的微分筒，测微螺杆可随微分筒的转动而进退。螺母套管的螺距一般取 0.5mm，当微分筒相对于螺母套管转一周时，测微螺杆就沿轴线方向前进或后退 0.5mm；当微分筒转过一小格时，测微螺杆则相应地移动 0.01mm 距离。可见，测量时沿轴线的微小长度均能在微分筒圆周上准确地反映出来。

千分尺的量程有 0～25mm，25～50mm，50～75mm，75～100mm、100～125mm 等几种。

二、千分尺的正确使用方法

（1）测量之前，首先应把千分尺的测量面和被测件的表面擦净，同时要检查其零位，方法是：将活动测杆与固定测砧的测量面接触，微分刻线的零线与主尺的横向刻线对齐。如果没有对齐，应利用专用工具（如图 4–13 所示）先进行调整。

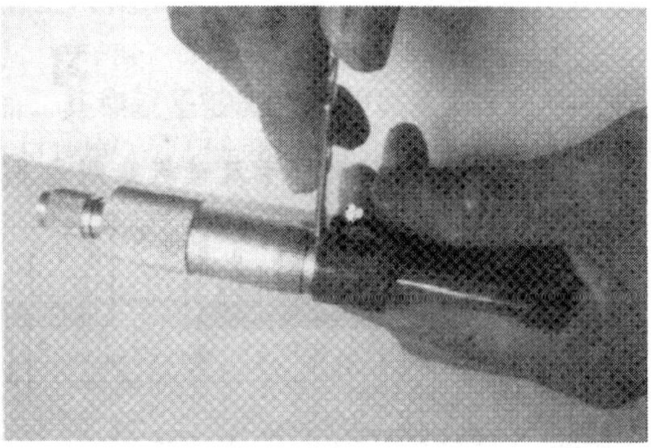

图 4–13　调齐

（2）测量时将千分尺的测微螺杆与砧座卡在待测物体上，如图 4–14 所示。

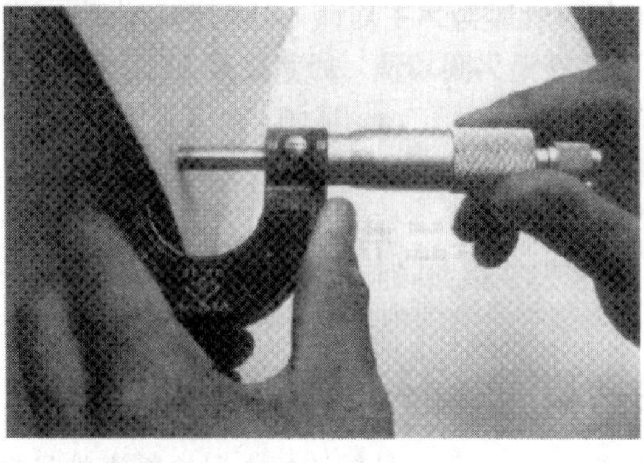

图 4–14　卡位待测物

（3）转动微分筒，同时带动测微螺杆转动，如图 4–15 所示。

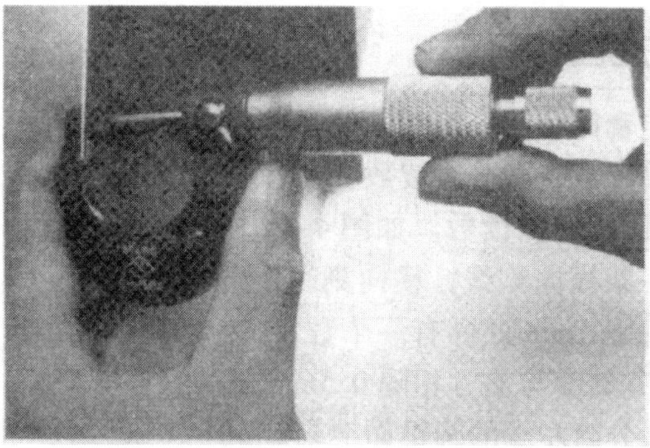

图 4–15　转动微分筒

（4）当千分尺的测量面将接近被测面时，转动测力装置，直到发出两三声咔嗒声为止，如图 4–16 所示。

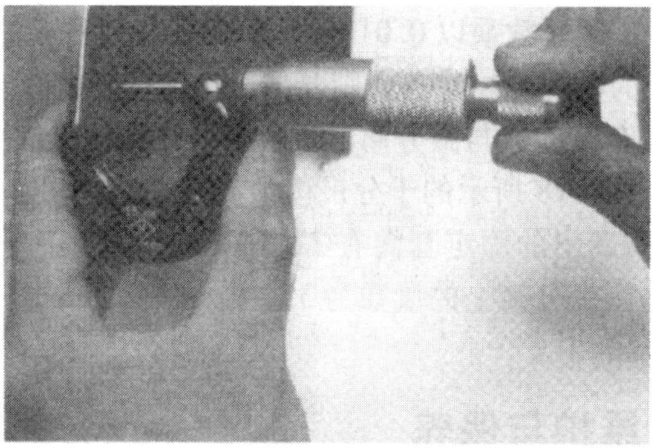

图 4–16　转动测力装置

（5）测量时可轻轻晃动千分尺或被测物体，保证被测表面与千分尺测量面接触良好。读数时尽量避免取下千分尺。如果必须取下应先转动止动销，固紧活动测杆，再取下千分尺，如图 4–17 所示。

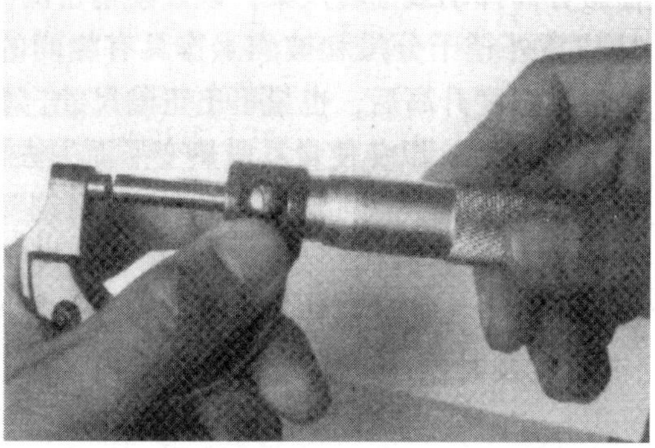

图 4–17　读数

三、千分尺的读数方法

千分尺是利用固定套筒和微分筒相互配合进行读数的。即

总读数 = 固定套筒读数 + 微分筒读数

步骤：（1）找出固定套筒读数。如图 4-18 所示，在固定套筒上有一条横向刻线，横向刻线上下都有刻度。上方刻度每隔 5mm 处标有一个数字，表示整数毫米的读数；下方刻度与上方相隔 0.5mm，表示半毫米的读数。在微分筒左端的圆锥面上刻有 50 个等分的刻度，每 1 小格表示 0.01mm。

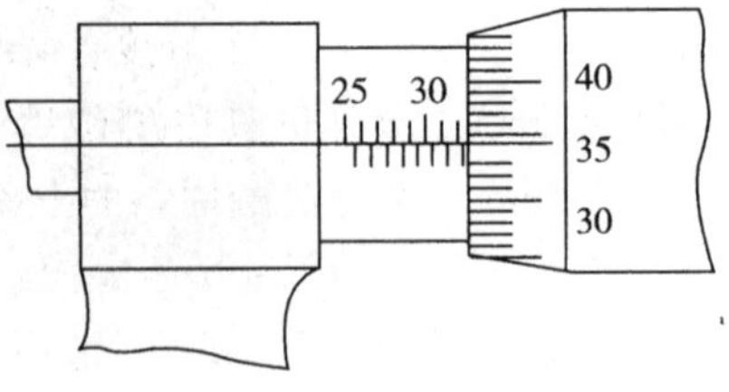

图 4-18 千分尺读数

固定套筒读数的确定方法是：微分筒左端露出的固定套筒上的最大刻度。

（2）找出微分筒读数。方法是：若微分筒上某一条刻度线与固定套筒上的横向刻度线对齐，则将该刻线的序号数乘以 0.01mm，即为微分刻度上的读数。如果微分筒刻线都没有与固定套筒上的横向刻线对齐，则要估读出微分刻度的读数。

（3）将得到的固定套筒读数与微分筒读数相加，其和就是被测物体的尺寸。

【例 4-2】确定如图 4-18 所示的千分尺读数。

【分析】微分筒左端露出的固定套筒有 32.5mm，微分筒上与固定套筒的横向刻度线对齐的刻度线是 35，则微分筒上的读数为 $35 \times 0.01 = 0.35$mm。所以该千分尺的读数为 $32.5 + 0.35 = 32.85$mm。

四、千分尺的维护与保养

（1）千分尺是精密量具，所以不能用千分尺去测量粗糙的表面，如毛坯件、带研磨剂的表面、脏污的表面等。

（2）在测量被测物时要在静态下测量，不要在零件转动或加工时测量，否则易使测量面磨损，测杆扭弯，甚至折断。按被测尺寸调节外径千分尺时，要慢慢地转动微分筒或测力装置，不要握住微分筒挥动或摇转尺架，以致使精密测微螺杆变形。

（3）一般情况下，应注意外径千分尺和被测工作具有相同的温度。量具不应放在阳光下或床头箱上，因为量具温度升高后，也量不出正确尺寸。更不要把精密量具放在热源（如电炉，热交换器等）附近，以免使量具受热变形而失去精度。

（4）不要把千分尺放在磁场附近，例如磨床的磁性工作台上，以免使量具感磁。

（5）不能把千分尺作为其他工具的代用品，例如拿千分尺当小榔头等；把量具当玩具，如把千分尺等拿在手中任意挥动或摇转等也是错误的，都易使量具失去精度。

（6）千分尺使用完毕后应及时擦净，放入专用的盒内，保存在干燥通风的地方，以免生锈。

（7）若发现量具有问题，应送计量部门检修校正，不能自行拆卸。

扩展知识　千分尺刻线原理

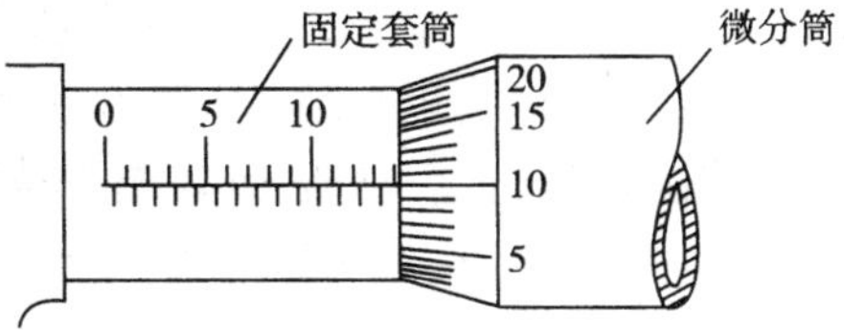

如下图所示，在固定套筒上刻有纵刻线，纵刻线上下方各刻有25个分度，每个分度的刻线间距为1mm，微分量具中测微螺杆的螺距一船都是0.5mm，微分筒圆周斜面上刻有50个分度，因此当微分筒旋转一周时，测微螺杆轴向位移0.5mm，微分筒旋转一个分度时，测微螺杆移动0.01mm，故常用千分尺的读数值为0.01mm。

习　题

1. 看下图所给的千分尺读数分别为多少？

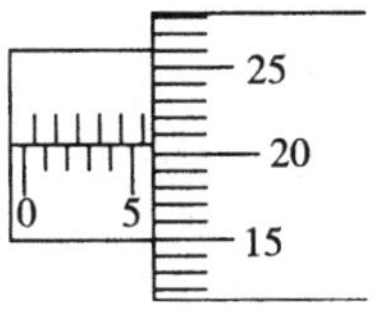

2. 请测一测你的课本封面纸张的厚度。

第三节　厚薄规

一、厚薄规的结构

厚薄规又名塞尺、间隙片。它是用来检验两个结合面之间的间隙大小的一种测量工具。印刷上主要用来检查滚筒间的间隙。

常用的厚薄规的结构如图4–19所示。它由若干个相互平行的测量片组成，厚度为0.02～0.1mm。每个测量片上标有该测量片的厚度值。厚度为0.03～0.1mm，则每片的厚度相隔0.01mm；厚度为0.1～1mm，则每片厚度相隔0.05mm。

二、厚薄规的使用方法

（1）使用前将厚薄规和零件表面擦拭干净。

（2）测量时，应先用较薄的一片塞尺插入被测间隙内，若仍有空隙，则挑选较厚的依次插入，直至恰好塞进而不松不紧，该片塞尺的厚度即为被测间隙大小，如图4–20所示。

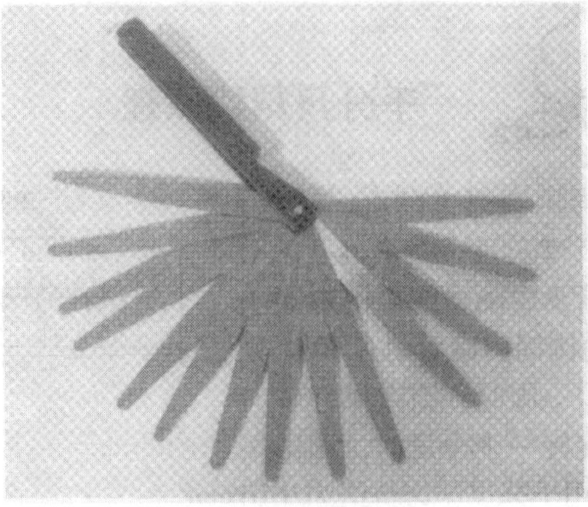

图 4-19　厚薄规的结构

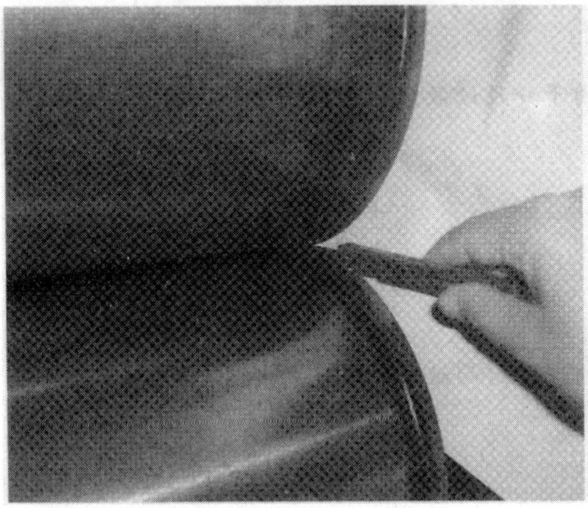

图 4-20　厚薄规测量滚筒间隙

若没有所需厚度的塞尺，可取若干片塞尺相迭代用，被测间隙即为各片塞尺尺寸之和，但误差较大。

注意：厚薄规是一种界限量规。

【例 4-3】在测量印版滚筒与橡皮滚筒之间的间隙时，用 0.03mm 塞尺片恰好能塞入而不松不紧，再用 0.04mm 塞尺片而不能塞入，试确定这两个滚筒之间的间隙大小。

解：两个滚筒之间的间隙在 0.03～0.04mm 之间。

三、厚薄规的维护与保养

（1）由于塞尺很薄，容易折断，使用时应特别小心，不能用力过大，以免塞尺弯曲和折断。

（2）使用后应在表面涂以防锈油，并收回到保护板内。

（3）塞尺的测量面不应有锈迹、划痕、折痕等明显的外观缺陷。

（4）不能用塞尺测量温度较高的零件，以免温度影响塞尺片的精确度。

实践部分　滚筒间距及橡皮布厚度的测量

一、实验目的

掌握各种测量工具的使用方法。

二、实验的具体要求

1. 由指导教师介绍胶印机滚筒的结构。

印刷装置的组成：印刷三滚筒（印版滚筒、橡皮滚筒、压印滚筒）、离合压机构、压力调节机构等（如图 4-1 所示）。

印版滚筒表面装有印版，橡皮滚筒表面包裹有橡皮布，将印版图文的油墨转移到橡皮布上，压印滚筒在适当的压力下，使承印物与橡皮滚筒上的橡皮布接触，将图文油墨转移到承印物上完成油墨的转移。

2. 由指导教师给学生示范橡皮布厚度的测量，包括测量方法及读数方法。

3. 由指导教师给学生示范滚筒间距测量，包括测量方法及读数方法。

三、实验的注意事项

1. 在使用测量工具测量时应注意按照正确的方法、步骤进行。

2. 实验结束后应把各种测量工具擦拭干净，并放入专用量具盒子内，交还指导老师后方可离开。

第五章

印刷机典型零部件的拆装

本章学习目标：

1. 了解印刷机零部件的磨损、变形的过程及变形特性；

2. 掌握印刷机典型零部件的拆装方法和技巧。

本章应学会的术语：

弹性变形　塑性变形

【任务】为了保证印刷机的工作性能，印刷机中一些重要零部件如传动装置、飞达等在日常生产中需要经常进行维护和保养，在此过程中有哪些问题需要加以注意？

【分析】要做好传动装置、飞达等印刷机中一些重要零部件的日常维护和保养，我们必须了解零部件的磨损特性，熟练掌握印刷机的拆装方法和技巧，并且注意保证拆装前后印刷机工作性能一致。

第一节　零件的磨损、变形及断裂

印刷机工作一段时间后，印刷机中的一些零件就会磨损、变形甚至断裂，印刷机一旦出现上述故障，就会严重影响印刷机的印刷性能，如印刷机的齿轮出现磨损现象，机器振动就会加大，造成印品套印不准、墨杠等故障的产生。印刷机的零部件出现损坏后，要及时检修，比较严重的零件要及时拆装、更换。

一、零件的磨损

机械在运转过程中，相互运动零件的表面如发生尺寸、形状和表面质量变化的现象，就称为磨损。一台待修的印刷机拆开检查时可以发现，多数相互摩擦的零件（如轴与轴承、版台与滑槽、凸轮轮廓与滚子等）失效形式大都是磨损，可知磨损是机械失效的主要原因。

按破损机理分，磨损主要有四种基本类型：黏着磨损、表面疲劳磨损、磨粒磨损和磨蚀磨损。磨损常以复合形式出现。

（一）零件的磨损特性

零件在各种条件下的磨损原因虽然不同，但是，零件在这些不同条件下的磨损增长过程却十分相似，它们都具有如图 5-1 所示的零件磨损随时间的增长而变化的曲线，这个曲线叫做零件的磨损特性曲线。

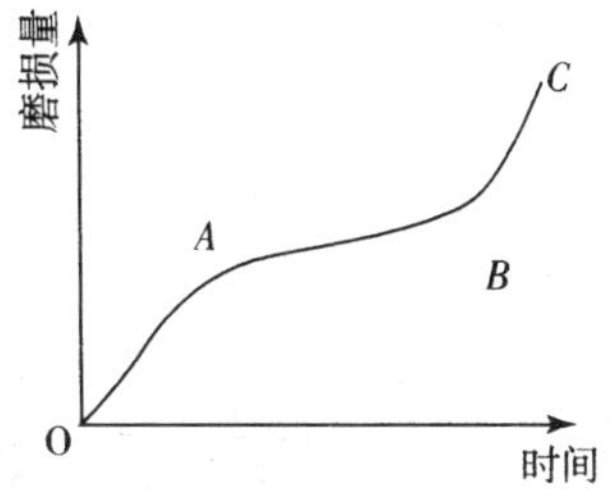

图 5-1 零件的磨损特性曲线

从图中可以看出，曲线可分为三个阶段：磨合阶段、工作磨损阶段和强烈磨损阶段。

1. 磨合阶段 *OA*

图中 *OA* 表示零件磨合磨损阶段。机械零件加工后，其表面一般比较粗糙（有时零件粗糙面不易用肉眼看出），因此零件工作时磨损十分迅速，此时的磨损是由机械摩擦磨损和由此磨损下来的金属微粒所造成的。随着磨合的不断进行，零件的表面越来越平，零件实际接触面不断增加，磨损速度逐渐降低，在达到 *A* 点时，零件的正常工作条件已经形成。

2. 工作磨损阶段 *AB*

图中 *AB* 表示零件工作的磨损阶段，或称正常磨损阶段。*AB* 阶段所对应的时间，为零件在修理前的使用期限，在 *AB* 阶段的后半部，磨损相对加快，但零件仍旧可继续工作，当磨损量增至相当于 *B* 点的磨损量时，磨损就进入新的阶段。

3. 强烈磨损阶段 *BC*

图中 *BC* 表示零件处在一种强烈磨损的过程，其特点是磨损进程十分迅速。在这种情况下，零件配合工作不好，容易发生破坏事故，故 *BC* 阶段又可称为事故磨损阶段。

通过以上对零件磨损特性曲线的分析，在实际生产上，希望 *AB* 阶段越长越好，*AB* 阶段越长，零件正常工作的时间越长；*OA* 阶段越短越好，*OA* 阶段越短说明零件越能在较短的时间内，以最低的磨损量达到良好的磨合要求。印刷机安装好后，应有一个试运转过程。其中就包含有零件磨合过程。所以，为了缩短磨合磨损阶段，必须合理选择磨合负荷、转速、时间和润滑剂等。

（二）影响零件磨损的因素

实际生产中，影响一台机器零件磨损的因素很多，但主要的因素有：零件的运动速度、零件相对承受的压力、零件材料、零件加工质量、零件的配合间隙、润滑状况和工作温度等。

1. 零件的运动速度和相对压力

机器运转时，在润滑状况正常的情况下，零件相对运动速度越高，越易形成液体摩擦，减小磨损。在干摩擦情况下，速度增加，磨损也增加。零件间单位压力增加，磨损也要增加。生产上长时间的超负荷和冲击载荷，都会加大零件间的单位压力而加速零件的磨损。

2. 润滑情况

润滑剂的基本作用是消除摩擦表面的直接接触，避免机械摩擦磨损，同时也起到散热作用。在有润滑油的液体摩擦条件下，由于在摩擦表面间会产生一定厚度和承载能力的油楔，使配合的零件不发生接触，而促进载荷均匀分布，故在这种润滑情况下可以不考虑其磨损问题。但实际上，印刷机械零件表面间的摩擦主要是边界摩擦，故零件磨损不可避免。

3. 温度对磨损的影响

温度对润滑油吸附性薄膜的强度有一定的影响。当油温升高到一定程度时，润滑油便失去其吸附性能。润滑油的安全温度一般为 50～60℃，温度到达 150～200℃时，摩擦表面油膜便会遭到破坏，零件磨损加快。

当前，印刷机的印刷速度一般为 15000 张/小时左右，转速较高，加之印刷中墨辊间的摩擦，致使印刷机在运转中会产生一定的热量，使机件温度上升，特别是在夏季，机件温度上升更快。所以要注意温度对润滑油的影响。

4. 零件配合间隙的影响

零件间配合间隙对零件的磨损影响也很明显，零件的配合间隙不应过大或过小。间隙过小时，不易形成合理润滑状态，容易产生摩擦高热，以致产生黏着性的磨损和摩擦副咬死现象；间隙过大时，也不易形成合理润滑状态，而且容易产生冲击载荷，加剧磨损。因此，生产中装配和调整机器时，零件间配合间隙要合适，以保证良好的润滑状态。

二、零件的变形

在机械损坏的各种原因中，磨损是最主要的，一台大型的印刷机，因磨损而需要修理的零件，要占全部修理零件中相当大的比例，所以在修理中容易引起人们的注意。但是，在实际工作中，往往会发现这样的情况：机器在总成时，虽然将磨损的零件加以修复，恢复了原来要求的尺寸、形状和配合质量。但组装后却不能达到预期的效果和技术要求，勉强投入使用，只会缩短机器的寿命。这是因为零件的变形造成零件相互位置发生偏差，精度降低，影响总成和组成零件间相互正确关系的结果。因此，不论是机械的操作或机械的维修，都不可忽视机械零件的变形。如印刷机中的水、墨辊如果长期不拆下来保养，胶辊间就会因长期挤压而变形。

机械零件的变形过程可分为弹性变形和塑性变形。塑性变形包含弹性变形，事实上，没有无弹性变形，也没有无塑性的弹性变形。在使用印刷机械时要按合理的技术规程进行操作，机器超负荷运转、有冲击载荷、零件配合间隙不当和润滑条件不好等情况都会引起零件的变形。如印刷机纸堆超重会造成传动轴扭转或弯曲变形；由于输纸机上的双张控制器失灵，多张纸进入印刷滚筒，使印刷机过载而闷车停机，特别是印厚纸时更为严重。严重时把滚筒压弯曲，使胶印机失去精度，丧失工作能力；点动机器会使零件受到冲击载荷作用，加快零件的磨损和变形，即使在印刷中装版、洗橡皮布等使用较多的情况，也应尽量减少点动开机的次数。为了减轻零件变形我们可以采取以下几个措施。

（1）机械修理应制订相应的检修标准，以保证零件合理的修理。

对于待修机械，不但要检查配合的磨损情况，还应检查相互位置的精度。一般讲，机械零件在内应力作用下的变形，通常是在 12～20 个月内完成，因此，对第一次大修的印刷机械的变形情况，尤其需要注意检查、修复，使其恢复到规定的位置。

（2）合理操作机器，尽量避免超负荷运转，尽量减小零件在停机时所受的力。

长时间停机时，根据不同型号的印刷机，应选择一个较合理的机构停机位置，如印刷机械凸轮机构，停机时滚子一般应与凸轮小面接触。

三、零件的断裂

零件断裂，一般表现为折断、裂纹及轧伤等。这类破损比较容易察觉，其中疲劳裂纹是属于零件的隐伤之一，也是零件断裂来源之一，必须采用特殊的检验方法，而且是最重要的检验。零件断裂的原因，大致有以下几种情况。

（1）零件的变形或疲劳超过材料极限强度，使零件应力集中部位产生裂纹，并逐步扩展到断裂。

（2）零件内部隐伤所形成的应力集中，从隐伤薄弱处产生裂纹，逐渐向外扩展甚至断裂。

（3）承受交变载荷的零件，在应力集中部位，容易形成疲劳裂纹，断裂不断向零件内外伸展以至断裂。

零件轧伤的原因，大多数是由于操作不小心，将螺母、垫圈、小螺钉之类小零件，丢落在转动部位或版台上，没有及时发现，机器一开动，必然压坏机件，有的甚至断裂。

四、印刷机主要零部件的修复方法

（一）滚筒的修复

滚筒易磨损的部位一处是滚筒的轴颈，另一处是压印滚筒的筒身部分。

1．滚筒轴颈的修复（**这里以已经磨损的 Φ110mm 轴颈为例**）

（1）镶钢套法。将已磨损的轴颈加工至 Φ104mm，如图 5–2 所示，并将要镶的钢套预先加工好，然后镶入轴颈，其主要工艺过程如下：

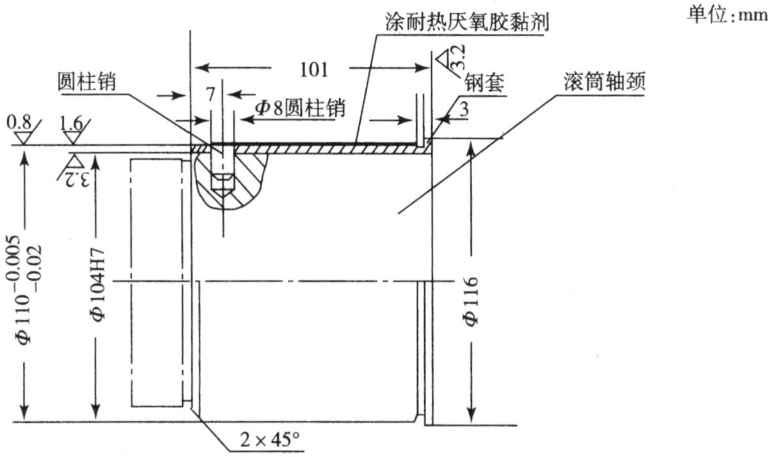

图 5–2　滚筒轴颈镶钢套尺寸图

①将已磨损的 Φ110mm 轴颈车至 Φ104.8 $^{0}_{-0.2}$（R_a0.2）；

②将轴颈磨削至 Φ104（R_a1.6），如图 5–2 所示；

③用汽油将轴颈和钢套的黏结面清洗干净；

④轴颈和钢套的黏结面均匀涂上一层“耐热厌氧胶黏结剂”；

⑤打入钢套；

⑥48 小时后钻铰 Φ8mm 销孔，压入圆柱销并锉平圆柱销的端面；

⑦按图所标的尺寸磨轴颈外圆。

（2）金属喷涂法。根据喷涂层厚度的要求，将轴颈加工至要求的尺寸，然后进行金属喷涂修复工作，最后将轴颈加工至规定的尺寸。

（3）刷镀法。将已磨损的滚筒轴颈进行磨削加工，一般磨圆即可，以消除不圆度、锥度等几何形状和位置误差，然后进行刷镀（可以利用车床、外圆磨床的床头及尾架顶尖，将工件支撑起来，进行刷镀）。刷镀后，轴颈外圆留有 0.04 ~0.06mm 的磨削加工余量，最后将轴颈加工至规定的尺寸。

（4）磨小轴颈外圆。如果以上修复手段都不具备，可以将已磨损、拉伤的滚筒轴颈外圆磨小（一般磨光、磨圆即可），然后再按轴颈的实际尺寸配制滚筒轴套或偏心套。

2. 压印滚筒筒身的修复

压印滚筒长期印制一种规格尺寸的纸张，纸张的拖梢会在筒身抽打出一条凹坑，其修复可采用镀铬方法，把要修复的滚筒筒身磨光，然后镀铬（滚筒筒身外圆应留磨加工余量，不镀的地方应涂上保护层），再磨削滚筒筒身至要求的尺寸及精度。

（二）齿轮的修复

由于印刷机滚筒主传动齿轮对印品质量影响较大，如果被磨损一般需要更换新齿轮。对于不重要齿轮，可进行以下处理方法。

（1）齿面有黏着现象时，可用油石或刮刀修整后继续使用，齿面有局部点蚀或轻蚀者，公法线长度公差在低一级公差标准以内者，都可允许继续使用。但串墨辊齿轮不可用上述方法，否则容易产生墨杠。

（2）对于非主动传动齿轮，若齿面磨损引起左右两侧齿形显著不同、严重变形、左右不对称或齿面有严重凹痕时，按公法线长度测量，其精度降至原设计要求低一级标准以下时，应更换。

（三）凸轮的修复

胶印机凸轮在大修时，除了离合压凸轮外，一般都要更换，以 J2203 型、J2108 型胶印机为例，给纸机凸轮有 8 个，主机凸轮有 12 个，现分别讲述各种凸轮的修理情况。

（1）给纸机凸轮。给纸机凸轮全部是铸铁材料制成，分离头部分凸轮曲线比较复杂，安装时各凸轮之间相对位置关系也非常重要，分离头部分的凸轮建议到制造厂购买。如果自己有条件加工，建议用 45 号钢加工而成，并在凸轮工作表面淬火处理，这样可提高使用寿命。

（2）侧拉规端面凸轮。侧拉规凸轮要求不太严格，磨损以后可以用电焊修补，再挫修平整。有条件的工厂，最好做新的凸轮，工作面一定要淬火，以提高使用寿命。

（3）递纸牙摆动器凸轮。递纸凸轮是全机凸轮中最重要、精度要求最高的凸轮，如果没有精确的靠模加工手段是很难制造好的。J2203 型、J2108 型胶印机递纸凸轮是 45 号钢制成，工作表面经过高频淬火，最后精细磨削加工，这个凸轮的精度不但直接影响套印精度，还影响印刷速度的提高。磨损后的递纸凸轮工作面是不能用电焊的方法来焊补的。因为焊补后，尺寸精度达不到要求，硬度也不均，用挫修手段无法满足要求。当然也可以用数控加工或线切割的方法进行加工，但是不经济，因此建议到制造厂购买。

（4）前规凸轮。前规凸轮寿命一般在4年左右，磨损后的凸轮可用铸铁焊条焊补，焊补后的关键，是怎样保证凸轮的轮廓线精度。为了保证前规凸轮的寿命，胶印机前规凸轮应用锻钢表面淬火处理。

（5）传水、传墨凸轮。传水、传墨凸轮原用铸铁制作，寿命比较短，为了提高凸轮寿命，现改为镶锻钢材料，并表面淬火。凸轮工作曲面是钢材料制成，凸轮体是铸铁凸轮改制而成，并用三个 M6×12 的沉头螺钉联接为一体。这样传水传墨凸轮寿命将显著提高。

（6）恒力机构凸轮。恒力机构凸轮，工作面受力情况大小和递纸凸轮工作表面受力大小是一样的，因此恒力机构凸轮工作面磨损程度，也与递纸凸轮表面相对应，但是恒力机构凸轮要求的精度较低，凸轮表面有磨损影响不大。这个凸轮表面也不能用电焊焊补的方法修复，因为原凸轮工作面是45号钢表面淬火，焊补后的凸轮很难达到原凸轮表面硬度。

（四）压印滚筒叼纸牙的修复

压印滚筒叼纸牙如出现故障，在三套叼纸牙中危害最大，而且往往不到一个大修周期就要修理多次。在大修时，压印滚筒外圆要磨削加工，压印滚筒叼纸牙牙垫要和外圆一起磨削。如果是镀人造金刚石牙垫或是耐磨塑料牙垫，磨削工作面应朝下，等磨削完成后再把工作牙面翻过来，这样就能保证牙垫与压印滚筒外圆等高。如果不是在大修期内修理磨损低凹的压印滚筒叼纸牙牙垫，可以在压印滚筒叼纸牙牙垫下面加垫片，使牙垫高出一些，再精心修锉，把一排压印滚筒叼纸牙牙垫找平。

如果不按上述修理方法，也可在压印滚筒叼纸牙牙垫面上粘贴1mm左右的耐油橡胶板或1～2mm厚的夹布胶木板。

（五）牙垫的修复

收纸牙垫磨损后一般需要更换新牙垫，新牙垫尺寸加工好，换上即可使用。递纸牙的牙垫一般需整体更换，更换后要上平面磨床对牙垫工作面进行磨削加工，以保证牙排上各个牙垫工作面在一条直线上。

压印滚筒牙垫的修复方法有两种：一种是按图纸尺寸加工新牙垫；另一种修复的方法是将已磨损的牙垫顶面磨光，然后镀人造金刚石粉末，锉修底面，直到其顶面与压印滚筒筒身外圆一样平即可。

（六）收纸链条伸长的修复

由于1英寸的收纸链条材料耐磨性能差，有的用不到一年收纸链条调节长孔就调到头了，在一般情况下需换新链条，如果不换也可以将收纸下墙板与底盘连接的孔铣成长孔，使收纸上墙板和下墙板向后移，但收纸部分拆装工作量较大。

（七）链轮的修复

（1）齿侧与齿廓均匀磨损量不大于1mm时，可不修换。

（2）齿廓出现局部磨损、变形、有钩链现象时，必须修换。

（3）换新链轮时，最好将链轮齿部进行热处理，以提高其耐磨性。

第二节　典型零部件的拆卸及装配

（一）传动装置的拆装

印刷机的主传动部分，一般都是由轴类零件、盘类零件（如带轮、齿轮、链轮等）、联接件和轴承等部分组成的，如图5-3所示。

图 5-3

拆装之前我们首先要了解传动部分的结构和主要组成部分，然后选择合适的工具进行拆装。拆装时要把周围的场地清理干净，打开盖板，拆装护罩，并准备盛放较小零配件的容器。避免小零件的丢失而影响装配。印刷机传动装置的第一级传动一般都是以带传动为主，所以，在拆装时，首先要脱开传动带。脱开的方法有两种：对于一般的三角带传动，可以从大带轮的外端把传动带从带轮的槽中脱开，顺着带的转动使传动带脱离带槽取传动带；对齿形带和楔形带的传动机构，则必须拆除张紧轮或缩短沿传动方向电动机与第一传动轴之间的中心距，直到能取出传动带。

1. 带轮的拆装

拆带轮时，先要拆除防止带轮轴向移动的紧圈，弹性挡圈、端盖螺母等，以 PZ1650 单色胶印机为例：先用 M5 内六角扳手卸除端盖上的 M8 锁紧螺钉，再用专用扳手（60mm）将端盖依逆时针方向旋转，直到脱离。拆卸时扳手应紧贴端盖，开始时，可用左手轻轻按住扳手，以一定轴向力防止扳手脱离打滑。如果过紧或者用力不够，可以用加力杆套上扳手，增大力臂，减轻扳动力度，如图 5-4 所示。

图 5-4

端盖拆除了，我们发现带轮与轴有一个 12×8 的平键联接来完成扭矩的传递。一般键与带轮的配合多数为过渡配合，此时带轮已经没有轴向的限位零件，可以直接拆卸带轮，如图 5-5 所示。但操作时切忌用大锤进行锤击，因冲击力可能损坏带轮，使其变形，破坏尺寸形位公差，给拆装带来更大困难。故正确拆卸时应使用二爪或三爪的“捋子”，利用螺杆的螺旋力以缓力把带轮从轴中推出，也可用山型的千斤顶在带轮直径的圆周上二个或三个同时对称用力，也可以拆卸带轮。但由于“捋子”、“千斤顶”的使用都有局限性，不是所有的盘类零件都可适用。所以比较先进的印刷机，在带轮或齿轮的加工过程中，就预留了一些工艺孔，以备拆装时使用。而此带轮上我们发现有三个M10 工艺螺孔，只要找到三个 M10 较长的螺钉，把螺纹端面车削或者锉成锥台形，分别旋入三个螺孔中，按顺时针方向依次拧动三个螺钉，带轮就逐渐脱离传动轴，这是需要保护带轮不被掉下砸坏，重量较重的可以先用绳、带拴在一个可靠的固定处予以保护掉下不砸地，较轻的直接可以用双手予以保护。

图 5–5

2. **齿轮的拆装**

齿轮的拆装方法基本上和带轮相似，如遇较小或者凸缘不大，用“捋子”拆卸有困难时，可以适当用锤敲击，但是敲击时必须用铜棒、铜垫或者尼龙垫接触零件，保护齿轮的敲击面不受损伤。同时敲击时，必须与前一个敲击点对称，一般在敲击直径的二等分、三等分或者四等分处，不要固定敲击某一处，这样保持敲击的受力均衡、不偏不侧，齿轮能顺利离开轴颈。

印刷机的传动部分的核心是滚筒齿轮，它的装配方式与一般传动零件不同，因滚筒的位置要做圆周方向调整，滚筒之间、滚筒齿轮之间，都有一定的相对位置关系。所以滚筒齿轮的联接不是依靠键和销进行联接，而是用螺钉进行联接用定位销固定。所以拆除压印滚筒和橡皮滚筒的齿轮，只要起销器加上 M8 的内螺纹接头，然后把头与定位销的螺纹相连，拧紧后用起销器取出即可（两个），如图 5–6、5–7 所示，最后用 8mm 内六角扳手，分别对准六个连接螺钉按逆时针方向拧松，拆卸螺钉在齿轮端面，稍使一点轴向力就可拆卸滚筒齿轮。印版滚筒齿轮拆装的方法与压印滚筒和橡皮滚筒齿轮基本相

图 5–6

图 5–7

同，所不同的是只要齿轮上的光孔是月牙槽，齿轮沿圆周方向可以转动，并有一段内齿和一小齿轮来调整。因此，当我们调节好位置时，螺钉必须拧死，最好用 T 型扳手，或者用加力杆来完成。

（二）飞达的拆装

飞达是输纸机的心脏，是完成纸张分离、输送，使纸张正确进入输纸台的一个重要机构，其动作繁多，衔接紧凑。

一般情况飞达的维护主要是清洗、润滑以及更换一些易损零件，如吸嘴橡皮圈、毛刷、钢片总成等，并不需要拆装。只有在使用年限较长，磨损严重和定位不准确的时候才需要拆装。

飞达整体拆装之前，要升起纸堆台，铺垫一层废纸，保护零件不会掉落在地，然后先用一字螺丝刀拆除吹、吸气的风管。拆除升降控制开关，拆除传动机构以及万向联轴器的联轴节（近心端的）锥销，脱开万向联轴器，再用6#内六角扳手拆除飞达纵横梁，调整飞达升降的连结板与飞达固定的 4 个 M8 螺钉，此时整个飞达可以整体取出，注意取出后要用木块把其支撑起来，以免损坏飞达的其他零件和使吸纸、递纸轴及吹风、压纸器的支撑轴变形。然后用手轻轻地拆除飞达的后盖板，飞达的心脏机构就暴露在我们的面前，检查凸轮的磨损情况。同时可以用 5#内六角扳手，拆除递纸吸嘴和分纸吸嘴以及压纸块、后吸风、压纸钢片、压脚等。

最后用一字螺丝刀拆卸气阀的侧盖板，用 6#内六角螺钉拆除气阀的顶盖，清洁气阀，用压缩空气流通各吸气管和吹气管，最后复位，飞达的拆装的另一个目的是检查各部分工作的配合情况，如果发现有较大的变化，那就要考虑变换凸轮，球连杆的配件。如果一切正常可以按相反的顺序装配。

（三）印刷滚筒的拆装

1. 印版滚筒的拆装

印版滚筒是固定印版进行着水、着墨的一个滚筒体，它安装有固定印版和调整印版位置的夹版装置。

图 5-8

当我们要清洗夹版装置和更换零配件的时候，有时可能要拆装夹版装置。夹版装置首先是由螺钉和滚筒联接的，同时又有螺杆调节机构，辅以弹簧可以使夹版装置做轴向或者周向的调整。

拆装时，首先要用硬质纸板或 PS 版沿滚筒下沿挡盖在橡皮滚筒和印版滚筒之间，防止小零件和工具掉入机内，拆除滚筒缺口的护板。用清洗剂或者煤油清洗夹版装置上的油污脏物，用内六角扳手松开滚筒的轴向夹版装置的两端压板的 4 个 M8 螺钉（包括方形垫），如图 5-8 所示；然后同样用 6#内六角扳手逆时针转动拆卸夹版装置中间的固定板块上的 10 个 M8 螺钉，整体取出夹版装置。注意防止夹版装置中的弹簧等小零件在拆装中丢失。

最后，检查夹版装置 7 个调节螺钉磨损情况，弹簧的弹性压力，检查 2 个固紧螺钉的磨损情况，以及两组滚筒端面4个调节滑块的磨损情况，分别检查叼纸牙、拖梢处版夹的平直度。装配时按顺序逐个紧固中间固定板上的10个M8螺钉，注意整体中小零件的散落，最后装上两端固定压板，确定紧固无疑后，试调一下夹版装置，滴入少许润滑油即可。

2. 橡皮滚筒的拆装

橡皮滚筒是固定用以转移图文的橡皮布，并附有橡皮布的装夹和张紧机构，但无须对其位置进行周向和轴向的调节。

在正常的工作情况下，无须对其进行拆装维护，只要保持清洁、润滑即可。但当张紧又稳定，或蜗轮蜗杆磨损需要维修时，就要拆装检查。橡皮布是固定在装有蜗轮的张紧轴上的，当蜗轮转动橡皮布随之张紧或者松弛，它是由蜗杆控制的，因具有自锁性能，所以能完成图文的正确转移。

3. 压印滚筒的拆装

压印滚筒是完成纸张的传递，固定并进行印刷的一个重要组成部分，印刷前要能正确的接收纸张，按要求固定在滚筒的表面进行印刷，印刷完成后要能把纸张安全地传递给收纸机构（收纸滚筒、牙排）或递交给另一组滚筒（多色机组）。

压印滚筒的拆装主要是定期更换一些叼纸牙片和牙垫，很少需要拆除叼纸牙轴组件。如果牙轴损坏或要更换轴承则先要拆除开闭牙球，卸下$\varphi 6$锥销拆除滚筒传动面处叼纸牙轴的油嘴，用5#内六角扳手松开卡箍、螺钉，把轴逐个移动至传动面，因传动面墙板上正好有一个工艺孔，可供叼纸牙轴从此孔中抽出。当然传动面墙板外还要拆除一些护罩和齿轮等。

实践部分　印刷机传动装置的拆装

一、实验目的

1. 了解机械工具的使用；
2. 总结本书其他章节的相关知识；
3. 掌握印刷机传动装置的拆装方法和技巧。

二、实验具体要求

1. 准备和认识拆装相关工具。
2. 分析印刷机传动装置的布局图。
3. 拆装一台小型印刷机的传动装置。

三、实验注意事项

1. 拆装时不可随意更换传动装置的整体布局。
2. 拆装时不要把工具遗留在机器内部。

习　题

1. 机械的磨损特性是什么？
2. 如何减轻零件的变形？
3. 机器拆装时需要哪些工具？
4. 拆装机器的具体步骤是什么？

参考文献

[1] 白家旺. 印刷机械基础知识. 北京：印刷工业出版社，2006.

[2] 清华大学精密仪器与机械学系设计工程研究所. 机械设计编. 北京：高等教育出版社，2001.

[3] 申永胜. 机械原理教程. 北京：清华大学出版社，1999.

[4] 武吉梅. 单张纸平版胶印印刷机. 北京：化学工业出版社，2005.

[5] 黄汉军，赵少贞. 机械基础. 北京：化学工业出版社，2007.

[6] 刘跃南. 机械基础. 北京：高等教育出版社，2005.

[7] 刘尚华，姚卫宁. 机械基础. 合肥：合肥工业大学出版社，2007.

[8] 潘光华，刘渝. 印刷设备. 北京：中国轻工业出版社，2007.